Werden bald Nanoroboter unsere Muskelkräfte steigern, der Arterienverkalkung vorbeugen und Krebszellen unschädlich machen? Werden wir selbstreinigendes Geschirr, temperatursensitive Kleidung und staubkorngroße Computer besitzen? Oder werden außer Kontrolle geratene Nanoroboter uns und unsere Umwelt in ihre atomaren Bestandteile zerlegen? In seinem spannenden Wissenschaftsreport gibt Niels Boeing einen fundierten Einblick in die Grundlagen der Nanotechnologie und in die Zukunft, die sie uns eröffnet – mit all ihren Verheißungen und Risiken.

ro
ro
ro

NIELS BOEING

ALLES NANO?!

Die Technik des 21. Jahrhunderts

Mit einem Vorwort von
Gerd Binnig

Rowohlt Taschenbuch Verlag

Louloudhi!

rororo science
Lektorat Ludwig Moos

Abbildungsnachweis:
Für die Graphiken auf den Seiten 49, 53, 58 und 74: © Daniel Sauthoff.
Für die Fotos auf den Seiten 51, 112 und 119: © IBM.
Für das Foto auf Seite 77: © Institut für Neue Materialien, Saarbrücken.
Zitatnachweis:
S. 11 © 1996 Neal Stephenson, *Diamond Age. Die Grenzwelt,*
mit freundlicher Genehmigung des Wilhelm Goldmann Verlags/
Random House GmbH;
S. 40 © 1993 Kevin Anderson & Doug Beason,
Assemblers of Infinity, mit freundlicher Genehmigung von
Richard Curtis Associates (Übers. Niels Boeing);
S. 90 © 1985 Greg Bear, *Blood Music,* mit freundlicher Genehmigung von
Baror International und Heyne Verlag (Übers. Niels Boeing);
S. 151 © 2002 Michael Crichton, *Beute*, mit freundlicher Genehmigung des
Karl Blessing Verlags/Random House GmbH.

Veröffentlicht im Rowohlt Taschenbuch Verlag,
Reinbek bei Hamburg, Februar 2006
Copyright © 2004 by Rowohlt · Berlin Verlag GmbH, Berlin
Umschlaggestaltung: any.way, Barbara Hanke
Umschlagillustration: Richard McGowan
Satz KCS GmbH, Buchholz bei Hamburg
Druck und Bindung Clausen & Bosse, Leck
Printed in Germany
ISBN 13: 978 3 499 62098 0
ISBN 10: 3 499 62098 7

Inhalt

Vorwort

von Gerd Binnig

Im 20. Jahrhundert wurden die Grundlagen für eine Entwicklung gelegt, die wir heute noch nicht richtig fassen können, deren ungeheure Bedeutung wir aber bereits erahnen. Der Mensch ist in diesem Moment Zeitzeuge und Gestalter einer zweiten Genesis, einer grundlegend neuen Evolution von materiellen Strukturen, die wir heute noch nicht einmal richtig benennen können. Wir wissen aber, *dass* wir an dieser epochalen Schwelle stehen, und zwar genau deshalb, weil wir Strukturen zunehmend feiner und raffinierter beobachten und gestalten können, und zwar bis in den atomaren Bereich hinein. Dies nennen wir Nanowissenschaft und wenn es in Produkte mündet – Nanotechnologie.

Damit Nanotechnologie gelingt, müssen sich die Wissenschaften wieder vereinen. Die Anfänge dazu sind bereits klar sichtbar. In der Nanowissenschaft begegnen sich Chemiker, Biologen, Mediziner und Informatiker bereits heute viel intensiver als in irgendeinem anderen Bereich. Andere Wissenschaften, auch geisteswissenschaftliche Bereiche, werden später dazukommen. Durch die Entdeckung der Gene und Proteine – also durch den beginnenden Einblick in den Nanokosmos der belebten Natur – sind vor allem die Biologen nach den Physikern und Chemikern sehr intensiv mit Prozessen auf der Nanometerskala beschäftigt. Nanowissenschaftler arbeiten eng mit Biologen zusammen. Hier begegnet die künstliche der natürlichen Nanotechnologie, dem Resultat der ersten Genesis, der Evolution des Lebens und der Intelligenz.

Auf dem nicht geplanten Weg zur Nanotechnologie lag die Mikrotechnologie, die den Computer gebar und damit eine neue Wissenschaft: die Informatik. Der Mensch begann, auf eine neue Art über Dinge wie Intelligenz, Kreativität und Emotion nachzudenken. Er konnte nun nicht nur Denkmodelle entwerfen, sondern sie sogar mit intelligenten Maschinen überprüfen. Er konnte sogar Maschinen bauen, die den besten Schachspieler der Welt schlagen konnten. Damit die Nanostrukturen wie oben erwähnt auch wirklich raffiniert sein werden, braucht es die Informatik, vor allem Simulationen von den Funktionen der Nanostrukturen. Und die Informatik braucht die Nanotechnologie, um noch schnellere, billigere und intelligentere Computer bzw. «Nanochips» zur Verfügung zu haben. Auch die Nanobiologie braucht die Informatik. Sonst wird man nie dieses monströse Wechselwirkungsnetzwerk der Gene und Proteine verstehen. Und die Informatik braucht die Nanobiologie, denn von der kann man lernen, wie man in einer einzigen Zelle eine solch geballte Form von Intelligenz unterbringt. Die Informatik braucht zudem die Gehirnforschung (z.T. ebenfalls Nanobiologie), um daraus zu lernen.

Begonnen hat alles aber bereits Anfang des 20. Jahrhunderts mit etwas, das bisher vor der Öffentlichkeit fast geheim gehalten wurde: mit der Entwicklung der Quantenmechanik. Sie beschreibt den Nanokosmos und macht ihn folglich auch gestaltbar. Sie bildet die Grundlage für fast alle bedeutenden technischen Errungenschaften des letzten Jahrhunderts. Sie ermöglichte die Mikrotechnologie und damit den Computer und als Folge daraus schließlich eine neue Wissenschaft: die Informatik. Die Quantenmechanik bewirkte den Übergang der Biologie, Medizin und Chemie als verschiedene Arten von Kunst in harte Wissenschaften. Die Mikrotechnologie und die heutige Biologie und Chemie sind ohne Quantenmechanik undenkbar, denn die Musik spielt – in der Chemie sowieso, aber auch in den beiden anderen Bereichen – vorwiegend im Nanokosmos, der von der Quantenmechanik beschrieben wird.

Mit Hilfe von Lichtmikroskopen konnte man schon lange den Mikrokosmos beobachten, aber erst mit dem Elektronenmikroskop, erfunden von Ernst Ruska einige Jahre nach der Einführung der Quantenmechanik, war der Zugang in den Nanokosmos zugänglich. Für die Beobachtung einzelner Atome ist man jedoch mit dem Problem konfrontiert, dass die Elektronen im Elektronenstrahl eine so hohe Energie besitzen, dass sie tief in die Materie eindringen und somit viele Atome abbilden. Deshalb war ein wichtiger Schritt zur Nanotechnologie später die Erfindungen von Rastertunnel- und Kraftmikroskop. Die Natur entwickelte vorwiegend aus den kleinsten Bausteinen von Materialien, nämlich den Atomen, in einem «bottom up approach» komplexere größere Strukturen wie Lebewesen. Nun war man für einen *künstlichen* «bottom up approach» beim «bottom» angekommen. Man konnte nun die atomaren Strukturen anschauen und die Atome berühren. Die Atome waren greifbar, fassbar und damit auch etwas begreifbarer geworden. Man konnte Atome und Moleküle verschieben, manche gezielt lokal hinzufügen oder entfernen. Man konnte die Farbe der Atome «sehen». Rastertunnel-, Kraft- und Elektronenmikroskop sind heute Schlüsseltechnologien in der Nanotechnologie, aber auch neue optische Verfahren sind viel versprechend.

Das vorliegende Buch gibt einen wunderbaren Einblick in die heutige Nanotechnologie und -wissenschaft. Es ist das erste Buch seiner Art, und es braucht sicher Mut, «den ersten Schritt» zu tun. Populärwissenschaftliche Bücher eines neuen Gebietes werden in der Regel erstmals in den USA geschrieben und verlegt. Mich freut es sehr, dass einer aus dem alten Europa mutig genug war. Das Buch ist äußerst phantasievoll, anschaulich und spannend geschrieben, und es war ein großes Vergnügen, es zu lesen. Auch die Grundzüge der Quantenmechanik werden nicht verheimlicht, sondern sehr plastisch dargestellt. Man spürt im gesamten Buch die Aufbruchsstimmung, die mit der Nanotechnologie einhergeht. Das Buch spiegelt voll die Begeisterung wider, mit der die Nanotechnologen ihrer Arbeit – oder besser: ihrem Vergnügen – nachgehen.

Gestern: Die Idee

«Hackworth machte sich keine Sorgen, beobachtete aber dennoch die Anfangsphase des Wachstums, weil er sie stets interessant fand. Am Anfang hatte man eine leere Kammer, eine Halbkugel aus Diamant, in der trübes rotes Licht glomm. Im Zentrum der Bodenplatte konnte man das nackte Kreuz eines acht Zentimeter großen Feeders und eine zentrale Vakuumpumpe erkennen, die von einer Anzahl kleinerer Leitungen umgeben wurde, bei denen es sich um mikroskopische Förderbänder handelte, die nanomechanische Bauteile – einzelne Atome oder ganze, zu praktischen Bausteinen zusammengesetzte Gruppen – transportierten.

Der Materie-Compiler war eine Maschine, die am Endpunkt eines Feeders saß und nach den Weisungen eines bestimmten Programms Moleküle Stück für Stück von den Förderbändern nahm und zu komplizierteren Gebilden zusammensetzte …

Ein transparenter Dunst wuchs über den Endpunkt des Feeders wie Schimmel auf einer überreifen Erdbeere. Der Dunst wurde dichter und nahm eine Form an, manche Stellen etwas höher als andere. Er breitete sich auf dem Boden aus, weg von der Feederleitung, bis er seine vorbestimmte Grundfläche angenommen hatte: einen Quadranten eines Kreises mit einem Radius von zwölf Zentimetern. Hackworth sah weiter zu, bis er sicher war, daß er die Oberkante des Buchs daraus erwachsen sah.»

Neal Stephenson, *Diamond Age*, S. 79

1 Ein Parcours in die Zukunft

Es kommt uns wie ein Naturgesetz vor: Die moderne Technik schrumpft und schrumpft, und sie dringt dabei immer weiter ins Innere der Materie vor. Seit wir denken können, ist es nicht anders

Durchmesser/Breite in Nanometer	Objekt	Übliche Einheiten	
12 740 000 000 000 000,0	Erde	12 740	km
3 476 000 000 000 000,0	Mond	3 476	km
33 000 000 000,0	Kugel des Berliner Fernsehturms	33	m
220 000 000,0	Fußball	22	cm
23 000 000,0	1-Euro-Münze	2,3	cm
1 000 000,0	Stecknadelkopf	1	mm
300 000,0	Staubmilbe	300	µm
50 000,0	Haar	50	µm
10 000,0	Cyanobakterie	10	µm
3 000,0	Rotes Blutkörperchen	3	µm
500,0	Escherichia-coli-Bakterie	0,5	µm
130,0	Pentium-4-Leiterbahnen	130	nm
50,0	Hepatitis-C-Virus	50	nm
20,0	Ribosom	20	nm
10,0	Quantenpunkt	10	nm
2,0	DNS-Molekül	2	nm
1,0	Nanotube (einwandig)	1	nm
0,7	Buckyball	1	nm
0,4	Wasserstoffmolekül	4	Å
0,2	Kalziumatom	2	Å
0,1	Wasserstoffatom	1	Å

Größenvergleich: von makro bis nano

gewesen. Noch nicht einmal 60 Jahre sind vergangen, seit die ersten modernen Computer gebaut wurden. Auf Bildern, die wie aus einem fernen Zeitalter anmuten, sehen wir Techniker in Anzug und Krawatte an Wänden mit vielen Knöpfen hantieren und Kabel umstecken. Die Wände sind im wahrsten Sinne des Wortes die Benutzeroberfläche, also das, wofür heute Display und Tastatur ausreichen. Der Eniac, wie das erste «Elektronengehirn» in den USA hieß, füllte einen halben Laborraum aus. Seine Fähigkeiten waren allerdings bescheiden. Jeder gute Taschenrechner kann inzwischen mehr.

Oder nehmen wir das Handy, neben dem Internet die Ikone des technischen Fortschritts der neunziger Jahre. Noch 1985, im Film *Wall Street*, geht der Börsenspekulant Gordon Gekko, gespielt von Michael Douglas, am Strand seines Ferienhauses spazieren und hält sich dabei einen weißen Backstein ans Ohr. So jedenfalls sieht dieses lächerlich große Mobiltelefon aus, mit dem er seinen Mitarbeitern Anweisungen zum Kauf von Aktienpaketen gibt. Heute stecken wir ein Gerät so groß wie eine Zigarettenschachtel in die Hosentasche, das mit Elektronik, Prozessoren und gar einer Digitalkamera voll gestopft ist. Das ist ein Mobiltelefon im Jahre 2006.

Jahr für Jahr sind elektronische Bauteile, Datenspeicher, Präzisionswerkzeuge kleiner und Analysemethoden genauer geworden. Erst waren es Bruchteile von Millimetern – die Dicke eines menschlichen Haars –, dann wenige Mikrometer – der Durchmesser eines roten Blutkörperchens –, jetzt sind es Bruchteile von Mikrometern – die Breite von Transistoren auf einem Pentium-Chip. Doch Wissenschaftler, Ingenieure und Industriekapitäne sind sich einig: Das ist noch gar nichts im Vergleich zu dem, was nun kommt. Jetzt wird es richtig klein. Die Technik stößt in die Welt der Atome und Moleküle vor, zu Objekten von wenigen Nanometern*, also milliardstel Meter Größe. Das ist der Nanokosmos, eine Sphäre, in der die Gesetze der Physik Kapriolen zu schlagen scheinen. Kapriolen, die sich technisch nutzen lassen und damit unser Leben ordentlich umkrempeln sollen.

California Dreaming

Die Vision einer Technik im atomaren Maßstab beginnt, wie so viele andere Umwälzungen in der zweiten Hälfte des 20. Jahrhunderts, mit einer verrückten Idee in Kalifornien. In dem US-Staat,

* Von griechisch ναννοσ («nannos») = Zwerg

wo die amerikanische Maxime des «Go West!» im Pazifik eine natürliche Grenze fand, suchte man neue Horizonte. Einen davon hat der amerikanische Physiker und Nobelpreisträger Richard Feynman, einer der herausragenden Wissenschaftler des vergangenen Jahrhunderts, ausgemacht. Kurz vor Silvester 1959 beschreibt er ihn an der Universität Berkeley in einem Vortrag mit dem Titel «There's plenty of room at the bottom». «Es ist interessant, dass es im Prinzip für einen Physiker möglich wäre, jeden chemischen Stoff herzustellen, den ihm der Chemiker aufschreibt. Der gibt die Anweisungen und der Physiker setzt sie um», sagt Feynman. Wie er das macht? «Indem er die Atome dort platziert, wo der Chemiker sie haben will. So stellt man dann den Stoff her.»

Der Vortrag gilt heute weithin als die Geburtsstunde der Nanotechnik, auch wenn Feynman den Begriff noch nicht gebrauchte. Doch die Idee war plötzlich formuliert: einzelne Atome gezielt so zu manipulieren und anzuordnen, dass Stoffe mit ganz neuen Eigenschaften entstehen, ja, dass Materie erstmals auf atomarer und molekularer Ebene designt wird. Zwar lag die Auflösung der besten Elektronenmikroskope damals bereits bei einem Nanometer, aber der Gedanke, Atome zu bewegen, war ausgesprochen kühn. Feynman selbst hat die Idee danach allerdings nicht weiterverfolgt.

Am Rande des Foothill Expressway im südlichen Silicon Valley, in den beschaulichen Wohnstraßen von Los Altos, steht ein kleines Holzhaus, vor dem ein verblüffend großes Schild prangt. «Foresight Institute» ist darauf zu lesen. Der Name ist Programm: Es geht um die Zukunft. Eine Hand voll Freaks verfeinert hier seit vielen Jahren unermüdlich die Vision, die Feynman mit ersten groben Strichen skizzierte. Gegründet hat es Eric Drexler, die wohl umstrittenste Gestalt auf dem Gebiet der Nanotechnik.

1981 greift der damals 26-jährige Ingenieur in einem Aufsatz Feynmans Idee auf und stellt das Konzept einer «molekularen Fertigung» vor. Aus Eiweißverbindungen, den so genannten Proteinen, will er Teile für winzige Maschinen zusammenbauen. Fünf

Jahre später bringt er dann das Buch *Engines of Creation* heraus, in dem er Fabriken und Roboter im Nanometer-Maßstab beschreibt. Das Buch ist kein wissenschaftliches Werk, eher ein Manifest, das manchen Studenten inspiriert und Debatten entzündet.

Das Holzhaus am Freeway ist denn auch kein Labor, sondern eine Art spirituelles Zentrum der besonders optimistischen Nanotechnik-Verfechter. «Nanotechnik wird größere Auswirkungen auf die Menschheit haben als die industrielle Revolution», sagt Drexlers rechte Hand Ralph Merkle. Der freundliche und barbapapaeske Informatiker hat inzwischen die Aufgabe übernommen, die Vision zu verbreiten. Drexler selbst hat sich angesichts der mitunter heftigen Kritik aus der Forschergemeinde an seinen Ideen aus der Öffentlichkeit zurückgezogen.

Die Speerspitze der Skeptiker befindet sich nur 15 Autominuten vom Foresight Institute entfernt in Santa Clara. Dort liegt das Hauptquartier des Computerkonzerns Sun Microsystems. Dessen Mitgründer und damaliger Chefwissenschaftler Bill Joy veröffentlicht im April 2000 ebenfalls ein Manifest. Diesmal im Hightech-Magazin *Wired* und mit einem nicht ganz so fröhlichen Titel: «Warum die Zukunft uns nicht braucht». Darin warnt er vor einer Verschmelzung von Nanotechnik, Robotik und Künstlicher Intelligenz zu einer Bedrohung für die Menschheit und fordert die Wissenschaft auf, die Forschung daran freiwillig zu beschränken, in Teilgebieten gar auszusetzen. Innerhalb kurzer Zeit löst der Artikel in den USA eine hitzige Debatte aus – während in Europa die Forscher kurz irritiert aufsehen und dann unbeeindruckt an der Entwicklung der Nanotechnik weiterarbeiten.

Schweizer Feinmechanik mal ganz anders

Die Texte von Drexler und Joy markieren gewissermaßen die beiden entgegengesetzten Pole des Nanotechnik-Aufbruchs: Euphorie und Weltuntergangsstimmung. In ihrer leidenschaftlichen Extrovertiertheit sind sie gewiss typisch für den Umgang der US-Amerikaner mit Visionen. Eine rein amerikanische Vision ist die Nanotechnik deshalb aber nicht. Ganz und gar nicht.

1974 veröffentlicht der Ingenieur Norio Taniguchi von der Universität Tokio einen Artikel, in dem er eine «atomare oder molekulare Verarbeitung und Verformung von Werkstoffen» entwirft. Taniguchi betrachtet dies als logische und notwendige Weiterentwicklung der Feinmechanik. «Der Begriff ‹Nanotechnik› ist vom Nanometer abgeleitet», schreibt er knapp. Damit ist der Begriff geboren – um gleich wieder für einige Jahre in der Versenkung zu verschwinden.

Nun ist Europa am Ball. Dort gibt es eine Region, die seit Jahrhunderten für ihre Feinmechanik berühmt ist: die Schweiz. Allerdings sind es keine Uhrmacher, sondern zwei Wissenschaftler eines Computerkonzerns, die nach all den Visionen endlich zur Tat schreiten. Im IBM-Labor in Rüschlikon, hoch über den Hängen des malerischen Zürichsees, bauen die Physiker Heinrich Rohrer und Gerd Binnig – der eine Schweizer, der andere Deutscher – aus reiner Neugier ein ganz ungewöhnliches Gerät: ein so genanntes Rastertunnelmikroskop. Sie wollen damit eigentlich ein physikalisches Phänomen untersuchen, bei dem, salopp gesagt, elektrischer Strom durch ein Vakuum fließt. Etwas, das dem gesunden Menschenverstand zu widersprechen scheint. Als sie es 1981 der wissenschaftlichen Gemeinde vorstellen, wissen sie noch nicht, welch großer Wurf ihnen hier gelungen ist: Sie haben das erste echte Werkzeug der Nanotechnik konstruiert. Denn wie sich herausstellen wird, kann man damit nicht nur einzelne Atome sehen, sondern auch hin und her bewegen.

Wenn Feynmans Rede den Parcours eines aufregenden Rennens in die Zukunft absteckte, dem Taniguchi einen griffigen Namen gab, war die Erfindung von Rohrer und Binnig gewissermaßen der Startschuss – über 20 Jahre später versammeln sich immer mehr Schaulustige, um das Rennen zu verfolgen. Sie lesen immer öfter Nachrichten, in denen der Begriff «nano» fällt. Doch noch klingt es eher wie eine Form moderner Alchemie. Aber hatten wir das nicht schon einmal? Anfang der Neunziger war das Wort «Internet» plötzlich in aller Munde, obwohl bis dahin kaum jemand wusste, wie man überhaupt ins weltweite Datennetz kommt, geschweige denn, was man dort machen kann.

Was also ist Nanotechnik wirklich? Nur der nächste Börsenhype? Warum stecken die Regierungen der Industriestaaten inzwischen Milliarden Euro pro Jahr in Forschungsprojekte zur Nanotechnik? Kann das wirklich funktionieren, was Drexler und Konsorten behaupten? Ist Joy zu pessimistisch und die Nanotechnik am Ende gar ungefährlich? Gibt es überhaupt schon Anwendungen? Eröffnen sich womöglich in wenigen Jahren brillante Möglichkeiten, die unseren Alltag verbessern werden?

Um diese Fragen geht es in diesem Buch. Wir wollen sie in vier Schritten angehen. Im ersten begeben wir uns in den Nanokosmos, fragen uns, was an Nanotechnik eigentlich so ungewöhnlich ist, und stellen fest, dass sie vor Milliarden Jahren schon einmal erfunden wurde. Im zweiten Schritt lernen wir ihre Werkzeuge und Baustoffe kennen. Dann unternehmen wir einen Streifzug durch das, was man damit machen kann – oder gerne könnte. Denn viele Anwendungen befinden sich erst im Laborstadium, und die Forscher wissen noch nicht, ob es je zu einem fertigen Produkt reichen wird. Der letzte Teil beschäftigt sich mit nanotechnischen Zukunftsvisionen, die für die einen die nächste Stufe der Menschheit einläuten, während andere hier rabenschwarze Albträume heraufdämmern sehen. Natürlich gibt es keine ernsthafte Antwort auf die entscheidende Frage, aber wir stellen sie einfach und wagen einen Blick nach vorn: Wie könnte Nanotechnik in 20, 30 Jahren unser Leben verändern?

2 Der Nanokosmos

Ein Nanometer ist ein milliardstel Meter. Ziemlich klein. Na und? Was soll daran so besonders sein? Sehr, sehr viel. «Nano» ist nicht einfach noch kleiner – «nano» ist anders klein. Es ist das Reich zwischen unserer makroskopischen Welt und den Bausteinen der Materie. Natürlich kann man nicht genau sagen, wo es anfängt. Es gibt kein Schild, das plötzlich im Mikroskop auftaucht und «Willkommen im Nanokosmos» verkündet. Die Wissenschaft hat sich, bei allen Meinungsverschiedenheiten, darauf geeinigt, dass «nano» Objekte und Strukturen bezeichnet, die zwischen einem und 100 Nanometern groß sind. Demnach versteht man unter «Nanotechnik» die Technik, die diese Sphäre gezielt manipuliert und dabei ganz neue Stoffe und Gegenstände herstellt.

Nehmen wir spaßeshalber einmal an, es gäbe ein solches «Schild» und ein «Tor», durch das wir, zu unglaublichen Winzlingen geschrumpft, schlüpfen könnten, um das Treiben im Nanokosmos zu beobachten. Wir behalten in diesem Gedankenexperiment einfach unsere makroskopische Sprache bei, wir haben nach wie vor Augen, Ohren und Füße.

Ein paar Sekunden in der Zwischenwelt

Kaum haben wir die Nanowelt betreten, umfängt uns eine ungeheure Hektik. So schnell können wir gar nicht schauen, wie uns hier Dinge aller Art um die Ohren fliegen. Tatsächlich scheint alles zu fliegen. Die Schwerkraft spielt überhaupt keine Rolle mehr, andere, viel stärkere Kräfte lassen alles durcheinander sausen. Die Szene ähnelt dem atemberaubenden Verkehr im Science-Fiction-Film *Das fünfte Element*, der in allen drei Dimensionen die Häuserschluchten durchquert. Es wimmelt nur so von «Fliegen», winzigen, rasenden Schemen, die wir nicht richtig erkennen können. Das sind Elektronen, die in größere Gebilde hineinrasen, verschwinden, wieder ausgespuckt werden. Wie auf einem rasend schnellen Rangierbahnhof docken Kugeln, Ringe oder Quader in allen erdenklichen Größen aneinander an. Der ausgestreckte «Arm» eines Toluolringes, eine so genannte Methylgruppe, wird von einem herausragenden Ende eines kompliziert verschachtelten Riesenmoleküls – vielleicht ein Protein – ergriffen, und in einem Sekundenbruchteil verschmelzen beide Arme und erscheinen jetzt als eine dicke Verbindungsstrebe. Da, noch ein Handschlag zwischen zwei Armen, und die Strebe wird immer dicker, fast schon wie ein Baumstamm. Plötzlich fährt eine grelle, diffuse Wolke in dieses Chaos, verschluckt einige Moleküle, die ganz verbeult wieder auftauchen, andere werden auseinander gerissen und weisen nun eine Art «Armstümpfe» auf. Ein Ultraviolettphoton, ein Lichtteilchen, hat eine chemische Bindung aufgebrochen, und zurück bleiben zwei so genannte Radikale, Moleküle mit einzelnen herausragenden Elektronen, die gleich die nächste chemische Bindung eingehen werden. Es ist ein Schieben, Reißen, Fliegen, Verschmelzen, Zerbrechen, dass einem schwindlig wird. Wir verschwinden wieder durch das «Tor» und atmen tief durch. Was, bitte, war denn das? Tokio zur Rushhour in hundertfachem Tempo?

Ob wir diese Welt je wirklich verstehen werden, weiß niemand. Und doch herrschen in diesem scheinbaren Durcheinander Regeln und Gesetzmäßigkeiten. Sie erlauben es, den Nanokosmos technisch zu nutzen. Sie sollen im Folgenden skizziert werden. Denn nur dann wird klar, warum Wissenschaftler und Ingenieure so elektrisiert sind von den Möglichkeiten, die sich hier bieten. Warum der Begriff «Nanotechnik» es also verdient, ernst genommen zu werden.

Die Entdeckung der Quantenmechanik

Was die Welt im Innersten zusammenhält, beschäftigt die Menschen seit der Antike. Die Erkenntnis, dass die sichtbare Materie nicht nur einfach eine diffuse Masse ist, die zufällig die Form eines Baumes oder eines Steins hat, ist wahrscheinlich uralt. Die Vermutung, dass selbst die Fasern der Pflanze oder die Kristallkörnchen des Steins aus letzten, unteilbaren Einheiten – Atomen – bestehen, wird den Griechen, insbesondere dem Naturphilosophen Demokrit, zugeschrieben. Dann passiert allerdings 2000 Jahre nichts Nennenswertes mehr im Naturverständnis der westlichen Hemisphäre. Erst mit dem Übergang von der Renaissance zur Aufklärung setzt ein systematisches Rätseln über den Aufbau der Welt im Kleinen ein.

Der englische Physiker und Astronom Isaac Newton kommt 1704 in seinem Werk *Opticks* zu dem Schluss: «Nach all diesen Betrachtungen ist es mir wahrscheinlich, dass Gott im Anfang der Dinge die Materie in massiven, festen, harten, undurchdringlichen Partikeln erschuf …» Newton glaubt: «Keine Macht von gewöhnlicher Art würde imstande sein, das zu zerteilen.» Doch bei dieser Überzeugung bleibt die Wissenschaft nicht stehen. Im Verlaufe des 19. Jahrhunderts wird in Versuchen mit dem damals jungen Phänomen der Elektrizität klar, dass es etwas geben muss, das die Ladung trägt und sich auch durch die Materie bewegen kann: das Elektron, dessen Existenz der Physiker Joseph John Thomson 1897 beweisen kann. Die Atome sind offenbar doch teilbar. Ernest Rutherford vermutet, dass sie eine Elektronenhülle und einen Kern haben. Dann kommen gleich mehrere Forscher – neben Rutherford auch Henri Becquerel sowie Pierre und Marie Curie – zu dem Schluss, dass die «Radioaktivität» bestimmter Elemente auf einen Zerfall der Atomkerne hindeutet. Auch diese sind also nicht unteilbar, sondern bestehen ihrerseits aus Protonen und Neutronen.

Niels Bohr fügt diese und weitere Erkenntnisse 1913 zum ersten mathematischen Atommodell zusammen, und zwar für den einfachsten Fall, das Wasserstoffatom, in dem ein einsames Elektron ein Proton umkreist. So lassen sich die bekannten Spektrallinien des Wasserstoffs – farbiges Licht, das vom Wasserstoffgas unter bestimmten Bedingungen ausgesandt wird – erstmals genau berechnen. Eine Sensation, die aber nicht lange Bestand hat. Schon beim Heliumatom, dem nächstgrößeren Element im Periodensystem, stimmt das Bohr'sche Modell nicht mehr mit den Beobachtungen überein.

Aber es gibt noch eine zweite Linie, auf der sich die Revolution anbahnt. Im Oktober 1900 stellt Max Planck bei einer erneuten Untersuchung der Strahlung von Objekten im thermodynamischen Gleichgewicht fest, dass die Messergebnisse nur einen Sinn ergeben, wenn er einen konstanten Faktor in die Gleichung einfügt. Planck ist sehr unglücklich darüber, denn dieser Trick lässt sich physikalisch nicht begründen. Das «Planck'sche Wirkungsquantum», wie die Konstante bald genannt wird, hat eine unerhörte Konsequenz: Anders als im Makrokosmos kann Energie in der atomaren Welt offenbar nicht jeden erdenklichen Wert annehmen. Sie tritt nur in Vielfachen des Produkts aus Strahlungsfrequenz und Planck'schem Wirkungsquantum auf.

Nach einiger Zeit kommt Planck zu einer einfachen Formel, die nicht weniger revolutionär ist als das berühmte $E = mc^2$. Sie lautet $E = h\nu$, wobei h ebenjenes Planck-Quantum ist. Sein Wert ist ungeheuer winzig: $6{,}63 \times 10^{-35}$ Js – dafür haben wir keinen Begriff mehr. Es ist ein «technischer Experte dritter Klasse» des Schweizer Patentamtes in Bern, der 1905 in einem Aufsatz diese seltsame Formel korrekt interpretiert: der 28-jährige Albert Einstein. Strahlung besteht aus «Energiequanten», deren Größe proportional zur Frequenz ν ist. Damit kann er nun den photoelektrischen Effekt erklären. Elektromagnetische Strahlung, also auch unser sichtbares Licht, schlägt Elektronen aus einer Metalloberfläche heraus, aber die Energie der austretenden Elektronen hängt nicht von der Intensität des Lichts ab. Entscheidend ist die Lichtenergie, berechnet nach der Planck'schen Formel, sagt Einstein. Erst wenn diese einen bestimmten Wert überschreitet, fliegen die Elektronen los. 1923 treibt der französische Physiker Louis de Broglie die Absurdität auf die Spitze mit der Hypothese, dass eigentlich jedes Teilchen – jenes «harte, undurchdringliche» Ding Newtons – sich als Energiewelle darstellen lässt. Auch Elektronen. Dadurch will er Plancks Quantentheorie und Einsteins spezielle Relativitätstheorie in Einklang bringen.

Beide Stränge – der Bohr'sche und der von Planck und Einstein – münden nach aufreibender Forschungsarbeit, langen Debatten und brillanten Gedankenflügen Ende 1925, Anfang 1926 in die bislang bizarrste und spektakulärste Theorie der Physik: die Quantenmechanik. Etwa zur selben Zeit gelangen der Österreicher Erwin Schrödinger, der Deutsche Werner Heisenberg und der Engländer Paul Dirac zu verschiedenen mathematischen Beschreibungen der neuen Theorie, die sich aber miteinander verbinden lassen. Sie hat vier wichtige Aussagen.

1. Sowohl Licht, oder allgemeiner: elektromagnetische Strahlung, als auch Elementarteilchen verhalten sich je nach Situation entweder wie Wellen oder wie Teilchen.
2. Bestimmte Messgrößen lassen sich nicht zur selben Zeit mit derselben Genauigkeit bestimmen. So können wir nicht den Ort und die Geschwindigkeit eines Elektrons zur selben Zeit gleich exakt messen. Was ja in der realen Welt kein Problem ist, wenn die Polizei uns beim Autofahren blitzt und ein Foto davon macht. Das ist dann der Beweis, dass man zu schnell war, und zwar exakt 1,25 Kilometer hinter der Stadtgrenze auf der Landstraße. Im Nanokosmos können sich Raser hingegen immer herausreden: Entweder der Ort ist genau bekannt oder die Geschwindigkeit. Die jeweils andere Größe bleibt ungenau. Dieser Zusammenhang wird «Heisenberg'sche Unschärferelation» genannt.
3. Der Zustand eines quantenmechanischen Objektes wird erst bei der Messung festgelegt. Bis dahin sprechen Physiker von einer «Überlagerung» von möglichen Zuständen. Erwin Schrödinger hat das 1935 in einem Gedankenexperiment zugespitzt. Eine le-

bende Katze wird mit einer verschlossenen Blausäure-Ampulle in eine Kammer eingesperrt. Die Ampulle ist unter einem Hammer platziert. Dieser soll genau dann heruntersausen und die Ampulle zerschlagen, wenn ein Geigerzähler einen atomaren Zerfall in einer daneben stehenden radioaktiven Probe festgestellt hat. Nun ist Radioaktivität ein statistisches Phänomen. Man weiß zwar nicht, wann ein Zerfall eintritt, aber aus Beobachtungen kann man sagen, dass sich innerhalb einer gewissen Zeit ein Zerfall mit einer gewissen Wahrscheinlichkeit ereignen wird. Die Probe in der Kammer ist so gewählt, dass die Chancen für einen Zerfall nach einer halben Stunde 50 : 50 stehen. In welchem Zustand befindet sich also «Schrödingers Katze» nach 30 Minuten, noch bevor wir in die Kammer schauen? Quantenmechanisch betrachtet ist sie dann in einer Überlagerung der Zustände «tot» und «lebendig», die, in Abhängigkeit vom radioaktiven Zerfall der Probe, auch jeweils eine Wahrscheinlichkeit von 50 Prozent haben. «Ist» die Katze dann etwa tot und lebendig zugleich? Offenbar hat in der Quantenmechanik das Wort «Sein» nicht die Bedeutung, die wir ihm in der makroskopischen Welt geben. Erst wenn wir nachsehen, haben wir Gewissheit. Aber dann haben wir auch die Anzahl der möglichen Zustände des Systems «Katze + Kammer + radioaktive Probe» von zwei auf eins reduziert. Wir haben das System verändert: Nachsehen bedeutet in der Quantenwelt immer manipulieren – eine Tatsache, die die Physiker zunächst geschockt hat, die immer geglaubt hatten, sie seien im Experiment nur unbeteiligte Beobachter.

4. Weil sich diverse Zustände nur in Wahrscheinlichkeiten fassen lassen, ist die Frage: «Wo ist das Elektron jetzt in diesem Augenblick?», in der Quantenmechanik so nicht zu beantworten. Es gibt für mehrere Orte verschiedene Wahrscheinlichkeiten. Das führt mitunter zu einem bizarren Ereignis: dem «Tunneleffekt». Das Elektron kann unter bestimmten Umständen durch eine Energiebarriere «hindurchtunneln» und kommt – schwupp – auf der an-

deren Seite wieder heraus. Ein Traum für jeden Gefängnisinsassen, aber auch nicht mehr. In der makroskopischen Welt bleiben Mauern Mauern, und kein Tunnel öffnet sich zur Flucht.

Wem das alles spanisch vorkommt, befindet sich in guter Gesellschaft: Auch die Physiker wissen bis heute nicht, warum das so ist. Sie wissen lediglich, dass es so ist. Und doch ist es mehr als nur Hirnakrobatik von Theoretikern. Man kann diese verrückten Effekte technisch nutzen, wenn man hinreichend kleine Strukturen baut. Der Tunneleffekt ist unter diesen sicher das wichtigste Phänomen für die Nanotechnik, wie wir noch sehen werden.

Wo aber ist die Grenze zwischen der quantenmechanischen und unserer Alltagswelt? Tatsächlich verläuft sie irgendwo im Nanokosmos zwischen den Atomen und Molekülen auf der einen und den Viren, Bakterien, Zellen und Kristallen auf der anderen Seite. Der Nanokosmos ist voller physikalischer Zwitter: so genannten Clustern, die keine Moleküle mehr sind, aber auch noch keine ausgedehnten Festkörper, wie Physiker die größeren Gebilde nennen, selbst wenn sie nur wenige Mikrometer groß sind.

Das Wissen der Chemie

Es gibt noch eine andere Wissenschaft, die seit jeher im Nanokosmos gefischt hat, im wahrsten Sinne des Wortes: die Chemie. Sie bringt Unmengen von Molekülen und Atomen in einer meist flüssigen Umgebung dazu, sich innerhalb von Augenblicken miteinander zu verbinden und dabei ganz neue Stoffe hervorzubringen. Die Chemie hat im Laufe von 200 Jahren nicht nur die Elemente und einen gigantischen Zoo von Stoffen entdeckt, sondern auch gelernt, die unterschiedlichsten Substanzen herzustellen. Die wichtigsten Elemente sind hierbei Kohlenstoff, Wasserstoff, Sauerstoff, Stickstoff und Schwefel. Fügt man sie zu Ringen und Ketten zusammen, hat man bereits wichtige Bausteine des Lebens wie Zuckermoleküle oder Aminosäuren vor sich. Im Nanokosmos spielen Kräfte eine Rolle, die die Chemiker intuitiv immer schon zu nutzen wussten, ohne eine exakte Theorie davon zu haben. Die wichtigste Kraft ist der Elektromagnetismus, der nicht nur Strom ermöglicht, sondern beispielsweise auch das Kochsalz: Ein positiv geladenes Natriumion und ein negativ geladenes Chlorion ziehen sich an, bis sie in einer Art Sicherheitsabstand einrasten. Das tun sie wieder und wieder, wobei große Kristallgitter entstehen.

Andere Atome benutzen einen anderen Trick: Sie teilen sich einige Elektronen, die dann um mehrere Kerne gleichzeitig schwirren. Sie bilden ein Molekül.

Schließlich gibt es noch eine schwächere Bindungsvariante, die so genannte Van-der-Waals-Kraft. Weil die Verteilung von Ladungen um Atomkerne immer in Bewegung, also ein bisschen unbeständig ist, kann es vorkommen, dass ein Molekül für einen winzigen Sekundenbruchteil an einer Stelle quasi positiv geladen, während ein benachbartes nun gerade zufällig negativ geladen ist. Beide ziehen sich für einen ganz kurzen Augenblick an, so, wie sich aufgekratzte Partygänger beim Tanzen einander kurz nähern. Dann erlischt die Verbindung wieder, um womöglich gleich wiederholt zu werden.

Die Kräfte zwischen Atomen oder Molekülen und die ungewöhnlichen quantenmechanischen Wirkungen sind zwar schon seit Jahrzehnten bekannt. Doch erst in den letzten 25 Jahren hat man – oft durch Zufall – herausgefunden, wie man sie noch ganz anders als vorher nutzen kann. Was dadurch möglich wird, ist nicht einfach nur eine weitere Miniaturisierung. Davon handelt der dritte Teil dieses Buches. «Nanotechnik bedeutet nicht kleiner, billiger, schneller», sagt der Physik-Nobelpreisträger Heinrich Rohrer, der von vielen respektvoll «Vater der Nanotechnik» genannt wird. «Nanotechnik heißt: intelligenter, intelligenter, intelligenter.» Die Technik ist damit an einem Wendepunkt angekommen.

3 Von der Technik zur Nanotechnik

Der 29. Dezember 1959 ist bisher in keinem Geschichtsbuch als besonderer Tag vermerkt. Das könnte sich in einigen Jahrzehnten durchaus ändern. An jenem Tag wurde mit ersten groben Strichen die Technik des 21. Jahrhunderts skizziert: eine Technik im atomaren Maßstab. Den Stift führte der amerikanische Physiker Richard Feynman auf der Jahresversammlung der Amerikanischen Physikalischen Gesellschaft am California Institute of Technology.

Feynman war zu dieser Zeit bereits einer der führenden Köpfe einer neuen Generation von Quantenphysikern. Nachdem 30 Jahre zuvor die Grundlagen der Quantenmechanik formuliert worden waren, machten diese Physiker den nächsten Schritt. Sie arbeiteten die Quantenelektrodynamik aus, eine komplizierte Theorie, die sich nicht so sehr damit beschäftigt, was für Gebilde Atome eigentlich sind, sondern wie ihre Bausteine miteinander wechselwirken. Es ist sicher nicht übertrieben, Feynman als einen der originellsten Physiker des 20. Jahrhunderts zu bezeichnen. Zwar gibt es kein Bild von ihm, auf dem er wie Albert Einstein die Zunge herausstreckt. Aber er war zum Beispiel ein begeisterter Trommler, und so ließ er sich im Vorwort seiner berühmten dreibändigen *Lectures on Physics* an einer Conga sitzend ablichten. Nicht gerade die übliche Selbstdarstellung eines ernsthaften Naturwissenschaftlers.

Ähnlich unorthodox war auch die Idee seines Vortrags, die er Amerikas Physikern so kurz vor dem Wechsel ins nächste Jahrzehnt präsentierte: «Wovon ich reden möchte, ist die Manipulation und Steuerung von Dingen im winzigen Maßstab.»* Dass es 1959 bereits Elektromotoren gab, «die so groß sind wie der Nagel eines kleinen Fingers», beeindruckte ihn nicht. «Das ist noch gar nichts.

---

* Die Originalfassung des Vortrags steht unter:
www.its.caltech.edu/~feynman/plenty.html

Das ist höchstens der primitivste, zögerliche Schritt in die Richtung, die ich hier verfolgen will. Eine atemberaubende, viel kleinere Welt kommt darunter zum Vorschein!»

Wenn man die 24 Bände der Encyclopaedia Britannica auf einen Stecknadelkopf schreiben könnte, überlegte Feynman, hätte ein i-Punkt in dem Werk einen Durchmesser von 32 Metallatomen. Aber wie könnte das gehen? Zwar war das Elektronenmikroskop damals bereits ein etabliertes Werkzeug, aber man konnte damit nur sehen, nicht schreiben. Feynman spekulierte, ob man dessen Linsen umdrehen könnte, damit es wie ein enormes Brennglas wirkte. Könnten Elektronen oder Ionen so auf einen derart winzigen Punkt gebündelt werden? Aber selbst zum Anschauen der einzelnen Atome in einer chemischen Verbindung war die Auflösung des Elektronenmikroskops damals noch um den Faktor 100 zu schwach. «Ich stelle das als Streitfrage hin», sagte Feynman: «Gibt es keine Möglichkeit, das Elektronenmikroskop leistungsfähiger zu machen?» Die Lösung des Problems sollte noch gut 21 Jahre auf sich warten lassen – aber einen überraschend anderen Weg einschlagen, wie wir in Kapitel 6 sehen werden.

Feynman warf dann die Frage nach atomar kleinen Maschinen auf. Hierzu hatte er bereits eine Lösung entworfen. «Sie wissen, dass es in Atomkraftwerken Material und Maschinen gibt, die man nicht anfassen kann, weil sie radioaktiv verseucht sind. Zum Lösen von Muttern, Eindrehen von Schrauben und so weiter gibt es in Kraftwerken daher eine Reihe von Greifhänden mit Fernbedienung. Betätigt man hier eine Reihe von Hebeln, kann man dort die ‹Hände› steuern und hin und her drehen, wodurch man eigentlich alles sehr schön im Griff hat.» Baut man nun in einem ersten Schritt viermal kleinere «Hände», könnten diese ohne Mühe eine viermal kleinere Maschine bauen – oder einfach wieder viermal kleinere Hände, die dann schon ein Sechzehntel der Kraftwerksgreifer ausmachen würden. Auf diese Weise könnte man sich bis in atomare Dimensionen vorarbeiten, überlegte Feynman.

Dann schloss er mit der Aussicht, ganz neue Stoffe zu schaffen, indem Physiker Atome dort platzieren, wo Chemiker sie haben wollen. Feynman war überzeugt, dass es sich dabei nicht um eine fixe Idee handelte, sondern um «eine Entwicklung, die meiner Meinung nach nicht aufzuhalten ist».

Ein Streifzug durch die Geschichte der Technik

Dass Feynman 1959 überhaupt davon träumen konnte, den Nanokosmos zu manipulieren, ist der ungeheuren Veränderung des Charakters der Technik im Laufe der letzten Jahrhunderte zu verdanken. Seine Ideen verdeutlichen nämlich eine wenig beachtete Tatsache: dass die moderne Naturwissenschaft und die moderne Technik untrennbar miteinander verwoben sind. Sie sind eigentlich Zwillinge. Ebenso wie die Technik als angewandte (Natur-) Wissenschaft bezeichnet wird, könnte man mit Fug und Recht die Naturwissenschaft als angewandte Technik betrachten.

Die Wurzel dessen finden wir in der Renaissance. In dieser Epoche tritt ein neuer Typus des Gelehrten in Erscheinung, den es vorher nicht gab: der Forscher, der mit Instrumenten experimentiert und so versucht, die Natur nicht nur zu verstehen, sondern auch zu verändern. Galileo Galilei, der mit seinen Fallexperimenten auf dem Turm von Pisa die moderne Physik anstößt, Leonardo da Vinci, der Künstler, Erfinder und Gelehrter ist, oder der Engländer Francis Bacon, der davon spricht, der Natur ihre Geheimnisse zu «entreißen», sind die ersten Vertreter des modernen Forschers. Die moderne Physik entsteht. Zwar ist das Bild, das wir von ihr haben, von genialen Theoretikern geprägt. Isaac Newton formulierte das Gravitationsgesetz und die Grundlagen der Mechanik. Einstein erarbeitete zusammmen mit dem Mathematiker Marcel Grossmann zwischen 1912 und 1915 die allgemeine Relativitätstheorie.

Doch viele Durchbrüche in der Physik wären ohne ausgeklügelte technische Apparate nicht zustande gekommen. Mehr noch, manche Erkenntnis ist gar nicht von ihnen zu trennen. «Einige der erstaunlichsten Entdeckungen der Wissenschaft – wie die Gesetze der Thermodynamik – wurden nicht im Hinblick auf die ‹bloße Natur› gemacht, sondern aufgrund von Problemen, die Maschinen – also Technik – aufgaben», schreibt der US-amerikanische Technikphilosoph Don Ihde. «Die Thermodynamik entstand aus den Rätseln der Dampfmaschine.» Die Phänomene des Lasers oder der Supraleitung sind weitere Beispiele. Sie existierten zunächst nur in der technischen Anordnung, sie waren mitnichten in der Natur einfach schon vorhanden und harrten nur ihrer Entdeckung. «Galileo ist einer der Ersten gewesen, die durch den Einsatz von Instrumenten und Versuchsanordnungen eine technisch verkörperte Wissenschaft schufen», so Ihde.

Schaut man sich die Liste der Physik-Nobelpreise vor allem in der zweiten Hälfte des 20. Jahrhunderts genau an, wird man feststellen, dass vermehrt technische Versuchsanordnungen oder gar Erfindungen ausgezeichnet wurden. Unter ihnen ist auch das wohl bislang wichtigste Werkzeug der Nanotechnik, das Rastertunnelmikroskop.

Der Computer als sechster Sinn

Lange Zeit nutzte der Mensch die Technik vor allem, um seine Kräfte und Sinne zu verstärken, ja sogar zu erweitern. Das hat sich inzwischen geändert: Die Technik übersetzt dem Menschen das Wesen der Welt – ohne den technischen Apparat kann er die Natur nicht erkennen. Am deutlichsten kommt dies in der Tatsache zum Vorschein, dass all diese modernen Versuchsapparate, darunter eben auch die Nanowerkzeuge, ohne Computer unbrauchbar sind. Jahrtausendelang war die Wirkung eines Werkzeugs unmittelbar fühlbar, weil man im wahrsten Sinne des Wortes Hand anlegen musste – beim Hämmern, Sägen, Schrauben oder am Flaschenzug –, später zumindest sichtbar, wie bei der Dampfmaschine oder bei Elektrogeräten. Die Eingeweide des Kosmos – Atome und Moleküle – sind dagegen keinem unserer Sinne zugänglich.

Alles, was in dieser Sphäre geschieht, müssen wir uns von Rechnern in verständliche Bilder übersetzen lassen. «Es kommt zu einer Verschmelzung von kognitiven und manipulierenden Techniken», charakterisiert der Philosoph und Techniktheoretiker Walter Christoph Zimmerli die neue Phase. Die Entschlüsselung des menschlichen Genoms, ebenfalls ein Objekt von Nanodimensionen, war vor allem eine Computerleistung. Wenn aber die real existierende Nanowelt ohnehin erst in solch «kognitiven Geräten» erzeugt werden muss, kann man sie damit natürlich auch simulieren. «Das könnte einen radikalen Einschnitt in der Geschichte der Technik bedeuten, der dazu beitragen könnte, die negativen Folgen einer neuen Technologie weiter zu minimieren, ja, vielleicht sogar ihren GAU von vornherein auszuschließen», so Zimmerli.

Herren der Materie

Diese Betrachtung zum Verhältnis von Wissenschaft und Technik ist keineswegs eine Spitzfindigkeit, wie man zunächst meinen könnte. Sie ist wichtig, will man die Nanotechnik in ihrer vollen Bedeutung verstehen. Denn sie ist der konsequente Endpunkt einer langen Entwicklung hin zur vollkommenen Beherrschung der Materie.

Der Frankfurter Philosoph Hans-Dieter Mutschler weist darauf hin, dass für den Philosophen Aristoteles Materie und ihre konkrete Form noch nicht getrennt waren. «Das griechische Wort für Materie, ‹hyle›, heißt zu Deutsch ‹Holz›. Bevor der Tischler das Holz zu einem Tisch formt, hat es bereits eine Form, nämlich die des Baumes. Und obwohl diese Baumform beim Fällen und Entrinden zerstört wird, wird sie doch nicht schlechthin zerstört, denn das Holz behält z. B. seine Maserung, es behält die Stellen, an denen Äste herauswuchsen.» Der Tischler ringt deshalb mit dieser

Form, seine technische Geschicklichkeit muss die Astlöcher berücksichtigen. Aber er weiß sie auch ästhetisch zu nutzen. Ebenso der Bildhauer, der Marmor bearbeitet. Die moderne Technik dagegen will diese Eigenarten umgehen: «Je bestimmungsloser der Stoff, desto geeigneter für unsere Zwecke.» Plastik oder Beton sind der sichtbare Ausdruck dessen. Während Mutschler diese Entwicklung bedauert, weil sie den künstlerischen Ausdruck unmöglich mache – man stelle sich eine Michelangelo-Statue aus Plastik vor, schimpft er –, sind die Nanotechniker entschlossen, die beliebige Formbarkeit von Materie auf die Spitze zu treiben.

Wir haben bisher immer von «den» Nanotechnikern gesprochen. Das muss nun präzisiert werden. Denn tatsächlich kommen sie aus vier verschiedenen Richtungen im Nanokosmos zusammen und bringen deshalb unterschiedliche Sichtweisen und dementsprechend Ziele mit. Da haben wir erstens die Chemiker, vor allem die «Kolloidchemiker». Als Kolloide bezeichnet man Substanzen, die aus so winzigen Teilchen bestehen, dass man diese mit bloßem Auge nicht mehr wahrnehmen kann. Diese Chemiker sehen sich vielleicht am ehesten am Endpunkt einer langen Entwicklung, wie wir sie oben skizziert haben. Das hat zur Folge, dass sie auf den Nano-Hype ausgesprochen allergisch reagieren. Aber sie haben begriffen, dass sich viel mehr Leute für ihre Arbeit interessieren, wenn sie diese nicht als Chemie, sondern als Nanotechnik bezeichnen. In Sätzen wie «Früher nannte man das Kolloidchemie, heute heißt das Nanotechnik», die auf Konferenzen fallen, schwingt denn auch ein leicht gekränkter Unterton mit.

Die zweite Gruppe sind die Physiker. Aus ihren Reihen kamen der Anstoß und die wichtigsten Werkzeuge. Die meisten von ihnen würden sich eher als Nanowissenschaftler denn als Nanotechniker bezeichnen, weil sie ihre Arbeit immer noch in der Tradition des Aufklärens von Naturphänomenen sehen. Das aber liegt, wie wir bereits erwähnt haben, an einem etwas altmodischen und verengten Bild ihrer Disziplin. Zumindest aber führt es dazu, dass sie sich allzu hochtrabenden Visionen ebenso verweigern wie die Chemiker.

Eine dritte Fraktion ist aus der Biologie hinzugestoßen. Wie im nächsten Kapitel gezeigt wird, ist auch das eine ganz logische Entwicklung. Denn seit vor gut 50 Jahren James Watson und Francis Crick die molekulare Struktur des Erbmaterials DNS (für Desoxyribonukleinsäure), der Grundlage allen Lebens, enträtselten, hat sich die Biologie energisch dem molekularen Aufbau des Lebens zugewandt. Proteine, Zellkerne, Organellen, Enzyme, Ribosome stellen die Nanotechnik der Natur dar, die vor vier Milliarden Jahren aus lebloser Materie entstand und Leistungen vollbringt, von denen Nanotechniker bislang nur träumen können.

Vor allem die vierte Gruppe träumt wilde und unerhörte Träume, die inzwischen nicht wenige Menschen beunruhigen. Dieses Lager, das man als «Futuristen» bezeichnen könnte, stammt zu einem guten Teil aus der Informatik. Es sind Computerspezialisten, die früh die Möglichkeiten der Simulation von neuen Molekülen und Maschinen von wenigen Nanometern Länge erkannt haben. Den Begriff «Futuristen» würden die meisten von ihnen zurückweisen. Sie bezeichnen ihren Ansatz als «Molekulare Nanotechnologie», um sich von den drei anderen Gruppen deutlich abzugrenzen.

Einig sind sich aber alle, dass die Nanotechnik eine neue Epoche für Wissenschaft und Technik einläutet. «Durch das Zusammenschmelzen auf der Nanoskala werden die Grenzen zwischen den Disziplinen verwischt. Das ist gut. Wir bekommen einen anderen Einblick», begeistert sich der Physik-Nobelpreisträger Horst Störmer. «Wir werden erkennen, dass wir uns viel zu sagen haben und dass dabei wesentlich mehr herauskommt, als wenn jeder für sich forscht. Das Wort ‹nano› ist einfach zur richtigen Zeit aufgetaucht.»

4 Das Vorbild der Natur

Streng genommen ist die Nanotechnik ein alter Hut. Sie ist bereits einmal ziemlich erfolgreich in die Tat umgesetzt worden: vor etwa 3,5 Milliarden Jahren von der Natur. Viren, Bakterien und später die Zellen höherer Organismen sind Fabriken mit Nanomaschinen, die mit einer unglaublichen Automatisierung und Effizienz arbeiten. Auch wenn das Bild der Fabrik geradezu hässlich klingt, wollen wir es in der Sprache der Industrieproduktion einmal durchspielen. Schließlich geht es hier um Technik.

Im Zentrum dieser imaginären Werkhalle befindet sich ein Informationsspeicher, in dem die Baupläne aller Gegenstände in Form einer unglaublich langen Lochkarte vorliegen – die DNS. Wird ein neues Teil benötigt, fertigt eine kleine Maschine – das Polymerase-Enzym – eine Kopie des Lochkartenabschnitts – des Gens – an, auf dem der Plan für das Teil liegt. Die so erzeugte kurze Lochkarte – die Messenger- oder Boten-RNS – wird dann zu einer Maschine – dem Ribosom – transportiert und dort in den Leseschlitz gesteckt. Kleine Behälter – die Transfer-RNS – haben bereits das Rohmaterial – die Aminosäuren – herbeigeschafft, die dann anhand der Lochkarteninformation zu dem gewünschten Teil zusammenmontiert werden – dem Protein. Förderbänder, die sich durch die ganze Halle ziehen – das Transportprotein Kinesin –, schaffen außerdem Schrauben und andere Kleinteile herbei, die durch Luken in der Hallenwand – die Poren in der Zellmembran – angeliefert worden sind. Dort wird auch ein Energieträger bereitgestellt – positiv geladene Wasserstoffionen –, der kleine Batterien auflädt – das ADP-Molekül. Die aufgeladenen Batterien – das ATP-Molekül – werden dann zu den kleinen und großen Maschinen in der Halle gebracht, wo sie den Produktionsprozess zum Laufen bringen. Die einzige wirkliche Besonderheit ist, dass wir uns diese Werkhalle in der Schwerelosigkeit einer Erdumlaufbahn vorstellen müssen. Es gibt kein Oben und kein Unten, alles scheint durcheinander zu schweben – im Zellplasma. Alles funktioniert vollautomatisch, es gibt keine Arbeiter, die die Behälter hin und her transportieren oder das Kopieren einer Lochkarte in Gang setzen. Und diese imaginäre Werkshalle hat Ausmaße von nur einigen hundert Nanometern – bei Bakterien – bis zu ein paar Mikrometern – bei Zellen in Pflanzen, Tieren und Menschen.

Der amerikanische Chemiker George Whitesides hat denn auch einmal bewundernd festgestellt: «Die Frage ist, wo wir nach neuen Ideen für Nanowerkzeug-Design suchen. Sollten wir uns den Kopf über die Fließbänder bei General Motors zerbrechen oder über das Innere eines Bakteriums wie Escherichia coli?» Für die meisten von uns sind Bakterien etwas unglaublich Primitives und dazu noch mit Krankheiten verbunden. Angesichts der Komplexität ihrer «Nanofabrikation» ist dieses Vorurteil wohl unhaltbar.

Der Bauplan befindet sich in dem nur zwei Nanometer dicken zusammengeknäuelten Faden der DNS. Drei Milliarden Basenpaare bilden die Buchstaben, in denen der Plan verfasst ist. Sie hängen wie Leitersprossen zwischen zwei verdrillten Strängen. Bis zu 60 dieser Basen können mit Hilfe des Polymerase-Enzyms in einer Sekunde aus diesem Doppelstrang ausgelesen werden. Dieses spaltet zunächst den Doppelstrang auf, sodass die Information in Form eines einzelnen Stranges aus Ribonukleinsäure (RNS) zusammengesetzt werden kann. Dessen Basenfolge entspricht dann genau der halben «Strickleiter» des entsprechenden DNS-Abschnitts. Die RNS wandert nun als Messenger-RNS zum Ribosom, der Proteinfabrik der Zelle.

Wie stellt das Ribosom, das einen Durchmesser von gut 20 Nanometern hat, daraus die Proteine her? Es sorgt dafür, dass an den Strang der Messenger-RNS die Transfer-RNS-Moleküle andocken. Das sind ebenfalls Einzelstränge, die aber zu einer kleeblattartigen Form verbogen sind. Am «Stiel» dieses Kleeblatts hängt eine Aminosäure, die gleich gebraucht wird. Am mittleren «Blatt» befinden sich nun drei Basen, die wie Schlüssel und Schloss genau zu den ersten drei Basen der Messenger-RNS passen. Angedockt. Nach demselben Prinzip legt eine zweite Transfer-RNS direkt daneben an. Und siehe da: Die Aminosäure, die an ihrem Ende hängt, greift sich mit Unterstützung eines Enzyms die Aminosäure der ersten Transfer-RNS. Eine dritte Transfer-RNS dockt an, und die beiden ersten Aminosäuren werden nun an ihre angehängt. Dieses Spiel geht so lange weiter, bis das Ende der Messenger-RNS erreicht ist. An der letzten Transfer-RNS hängt nun eine ziemlich lange Kette aus Hunderten von Aminosäuren: ein Protein. Zehn Aminosäuren kann ein Ribosom in einer Sekunde zusammenmontieren. Zwischen 5000 und 20 000 Ribosomen befinden sich in einer Bakterie. Sie produzieren in jeder Sekunde Hunderte von Proteinen.

Auch die Außenwand der so genannten prokaryotischen Zelle, also einer Bakterie, ist ein Meisterwerk. Sie ähnelt der Hülle eines Fußballs: Die Lederhaut gibt Stabilität, und die Gummiblase darunter verhindert, dass Luft entweicht oder Schmutz eindringt. Die Lederhaut entspricht der festeren Zellwand, die Gummiblase der Zellmembran. Nur fünf bis acht Nanometer dick, hält sie fremde Atome und Moleküle außen vor. Stränge aus phosphorhaltigen Fettsäuremolekülen sind parallel zu einer dichten Matte angeordnet, durch die nichts hindurchdringt außer durch einige Transportpunkte. So kann die Zelle in ihrem Innern andere chemische Bedingungen aufrechterhalten, als außen herrschen.

Um einige der genannten Prozesse in Gang zu setzen, braucht eine Zelle Energie. Schon eine Purpurbakterie verfügt über ein kompliziertes Energiesystem, an dessen Nachbau sich Nanoingenieure die Zähne ausbeißen würden. Der Energiespeicher der Zelle ist das Molekül Adenosindiphosphat (ADP). Das ist ein Zuckermolekül, an dem auf der einen Seite eine Adeningruppe und auf der anderen zwei Phosphatgruppen hängen. Um es aufzuladen, hängt ein Enzym, das an der Innenwand der Zellmembran sitzt, die so genannte ATP-Synthase, dem ADP eine dritte Phosphatgruppe an. Aus dem ADP wird das ATP, das Adenosiontriphosphat. Genau in der Verbindung zwischen der zweiten und dritten Phosphatgruppe ist die nutzbare Energie nun gespeichert. Dann kann sie beispielsweise von einem anderen Enzym im Innern der Zelle angezapft werden, indem die Verbindung wieder aufgebrochen wird.

Damit die ATP-Synthase das Aufladen der «Zellbatterie» bewerkstelligen kann, braucht sie pro Ladevorgang drei bis vier Protonen (also positive Wasserstoffionen). Deshalb befindet sie sich genau unter einem Kanal in der Zellmembran, der diese Protonen von außerhalb der Zelle herbeischafft. Wo aber kommen diese nun wieder her?

An manchen Stellen stülpt sich die Zellmembran ein und bildet Taschen, die ins Zellinnere hineinragen. In diesen Taschen werden mit Hilfe der Photosynthese Protonen gebildet. Hier befinden sich nämlich lichtempfindliche Pigmente, die unter anderem das Bakteriochlorophyll enthalten. Das ist ein recht kompliziertes Molekül. Wird es von einem Lichtteilchen angeregt, kann es ein Elektron an ein weiteres Molekül, P870 genannt, übertragen. Das setzt nun seinerseits eine chemische Reaktionskette in Gang, bei der Protonen entstehen – und die werden dann ins Innere der Zelle transportiert, um bei der ATP-Bildung zur Verfügung zu stehen. Der ganze Vorgang dauert nur billionstel Sekunden.

Das mag alles sehr kompliziert erscheinen. Aber die Trennung von Lichtsammeln und der eigentlichen Elektronenreaktion führt zu einer größeren Effizienz. Die Pigmentmoleküle können von Ultraviolett bis Infrarot ein großes Lichtspektrum schlucken – davon können Solarzellenbauer nur träumen –, während das P870 auf den Start der Reaktionskette spezialisiert ist. Bei anderen Bakterienarten und Pflanzen ist die Photosynthese sogar noch komplizierter.

Noch mehr Nanonatur

Aber nicht nur in der Zelle benutzt die Natur Nanostrukturen. Manche Insekten, Würmer und Pflanzen erzielen zum Beispiel bestimmte Farbeffekte durch so genannte photonische Kristallstrukturen von 100 Nanometer Größe. Das schillernde Blau des Schmetterlings Morpho rhetenor ist mehrere hundert Meter weit sichtbar. Zustande kommt es durch viele übereinander liegende Schichten im Flügel, deren Material abwechselnd einen hohen und einen niedrigen Brechungsindex hat.

Ein anderes Beispiel für eine natürliche Nanostruktur kann man beim Spaziergang am Strand finden. Es ist das Perlmutt. Es ist selbst bei kleinen Muscheln ziemlich hart und stabil. Das Geheimnis ist eine Art Mauerarchitektur. Wenige Nanometer starke Kalkplatten werden von einem Protein wie mit Mörtel zusammengehalten. Auf diese Weise kombiniert die Natur die Fähigkeit von elastischen Stoffen wie Proteinen, Stöße abzufangen, mit der Härte und Festigkeit anorganischer Substanzen. Beide für sich genommen könnten die Muschel nicht gut schützen, doch im Verbund ergeben sie eine perfekte Schutzschicht. Dabei handelt es sich um einen echten Nanoeffekt: Die Härte wird erst erreicht, wenn die als Ziegelsteine im Mauerverbund dienenden Kalkplatten dünner als 30 Nanometer sind. Forscher der Universität Oklahoma haben nach diesem Prinzip ein künstliches Perlmutt gefertigt.

Die Fäden, mit den Spinnen das Gerüst ihrer Netze weben, haben dieselbe Zugfestigkeit wie Stahl oder die Kunstfaser Kevlar, aus der kugelsichere Westen hergestellt werden. Dieses 400 Millionen Jahre alte Naturprodukt kann sich um das Fünf- bis Zehnfache dehnen, ohne zu reißen. Amerikanischen Wissenschaftlern ist es 2003 gelungen, ein wenig Licht in die komplizierte molekulare Struktur der Fäden zu bringen. Zieht man diese langsam, aber mit zunehmender Kraft auseinander, dehnen sie sich nicht gleichmäßig, sondern in abrupten Sprüngen. Fast so, als ob man einen Klettverschluss auseinander zieht: Die Häkchen lösen sich nicht einzeln nacheinander, sondern in kleinen Gruppen. Anders als bei einer mechanischen Feder, die sich gleichmäßig dehnen lässt, muss man die Kraft drastisch erhöhen, je weiter der Faden auseinander gezogen wird. Aus dem Kraftaufwand konnten die Forscher nun berechnen, dass die Proteinstruktur eines Fadens aus vielen miteinander verflochtenen Aminosäureketten bestehen muss. Umgekehrt schnurren die Molekülgruppen aber gar nicht sprunghaft, sondern ganz gleichmäßig zusammen, wenn man die Kraft wieder reduziert.

Nanobionik oder:
Kann man die Natur nachbauen?

Solch natürliche Nanotechnik ist beeindruckend, keine Frage. Könnte es nicht möglich sein, die Funktionsweise biologischer Systeme nachzuahmen, ja diese sogar nachzubauen? Das wäre die Erweiterung der Bionik auf den Nanokosmos. Bionik, dieses aus «Biologie» und «Technik» kreierte Kunstwort, steht für den Versuch, aus Verfahren der Natur neue technische Prinzipien abzuleiten. Der eben erwähnte Klettverschluss an Schuhen oder Taschen etwa ist den Kletten abgeschaut, deren Samen mit kleinen Häkchen bedeckt sind. Damit bleiben diese im Fell von Tieren hängen und werden zu anderen Pflanzen transportiert.

Hinsichtlich der immer besser verstandenen Vorgänge im Innern von Zellen sind Nanoexperten skeptisch, ob diese wirklich als Vorbild für technische Anwendungen taugen. «Einfach die Biologie zu kopieren, ist zu naiv gedacht. Es kommt immer ganz anders», meint der Physik-Nobelpreisträger Gerd Binnig. Er kann das sagen: Das Rastertunnelmikroskop, das er mit dem Schweizer Heinrich Rohrer erfunden hat, entspricht keinem biologischen Vorbild.

Ein weiteres Problem ist, dass unsere jetzige Technik auf

Elektronik basiert. Diese kann nicht ohne weiteres durch biologische Konzepte verbessert werden. «In der Natur gibt es nirgendwo einen Elektronentransport über lange Distanzen», wendet Bruno Michel, der als Biologe im IBM-Forschungslabor Rüschlikon arbeitet, gegen überzogene Hoffnungen auf die Nanobionik ein. «Nervenzellen arbeiten gar ohne Elektronentransport und stattdessen mit Potenzialverschiebung.» Auch der Münchner Biophysiker Hermann Gaub ist skeptisch: «Alle typischen Zellprozesse laufen auf der Millisekundenskala ab. Halbleiter dagegen arbeiten heute im Gigahertzbereich.» Das sind eine Million Mal mehr Prozesse pro Sekunde. Außerdem würden Bionanomaschinen mit dem ATP-Molekül eine ganz andere Energieversorgung nutzen, die man nicht einfach übernehmen könne. «Es wäre vermessen zu versuchen, die Natur eins zu eins nachzubilden», findet Gaub.

Auch die Futuristen unter den Nanoforschern und -ingenieuren setzen nicht auf Nanobionik. «Als Werkstoff hat Protein Schwächen. Proteinmaschinen verabschieden sich, wenn sie getrocknet werden, gefrieren, wenn man sie kühlt, und kochen, wenn man sie erhitzt», hat Eric Drexler in seinem Buch *Engines of Creation* geschrieben. «Wo Proteinmaschinen versagen oder sich auflösen, werden wir auf Nanomaschinen aus härterem Stoff setzen.» Allerdings hält Drexler es für möglich, dass Nanomaschinen der ersten Generation noch mit Proteinen arbeiten können. Die würden dann winzige Bauteile aus «Metall, Keramik und Diamant» erzeugen, die die Grundlage für die zweite Generation von Nanomaschinen wären. Einen weiteren Nachteil biologischer Systeme sieht Drexler in der wässrigen Chemie des Zellplasmas. Darin ließen sich nicht alle Zutaten für Nanomaschinen mit der erforderlichen Präzision kontrollieren. Das sei nur in einer trockenen Maschinenchemie zu erreichen.

Heute: Die Werkzeuge

«Sie nahm die toten Nanowesen als Versuchsobjekte und untersuchte sie mit Transmissions- und Raster-Elektronenmikroskopen, wobei sie zurückgestreute und niederenergetische Elektronen einsetzte. Sie bekam gute Ergebnisse mit der Auger-Elektronenmikroskopie und noch bessere mit der Raster-Röntgenmikroskopie. Indem sie die Energiedosis des Röntgenbombardements variierte, konnte sie das Verfahren allmählich feintunen. Dann rollte der vierarmige Roboter aus seinem Dock und nahm eine weitere Probe vom Farside-Krater in Empfang.

Winzige Greifhände hingen jetzt fünfzig Mikrometer über dem neuen Regolithklumpen. Die gesamte Untersuchungsapparatur war in einem Gehäuse aus abgereichertem Uran im nächsten Raum untergebracht, das dann noch einmal mit Blei abgeschirmt war. Während der Arbeiten hatte Erika das Gefühl, direkt über den winzigen Greifhänden zu sein und auf eine unglaublich kleine Welt herabzublicken.»

Kevin Anderson & Doug Beason, *Assemblers of Infinity*, S. 94

5 Kleiner, kleiner – stopp!

Miniaturisierung ist in allen Kulturen eine hohe Kunst gewesen. Mit Feilen, Bohrern, Sägen und Sticheln wurden winzige Stücke aus einem Materialblock geschnitten und mit Kerben, Ritzen oder Löchern versehen. Nicht erst im 20. Jahrhundert ist es Technikern gelungen, in den Mikrometerbereich vorzustoßen. Schon Anfang des 19. Jahrhunderts verwendeten die Schweizer Uhrmacher Messskalen mit Einteilungen von zehn Mikrometern. Der Ingenieur Joseph Whitworth, der 1841 den britischen Standard für Industrieschrauben ausarbeitete, konnte bereits Oberflächen mit einer Präzision von weniger als einem Mikrometer bearbeiten. Das entspricht einem Bruchteil der Dicke eines menschlichen Haares.

Zur selben Zeit entstand eine Technik, die mit Feinmechanik nichts zu tun hatte: die Fotografie. Durch ein Loch in einem Kasten – später mit einer Linse ausgefüllt – wurde Licht aufgefangen und auf einen lichtempfindlichen Film geworfen. Man hatte keine Ahnung, was das Licht in dem Film bewirkte. Aber wenn man ihn mit einer chemischen Lösung behandelte, bildeten sich helle und dunkle Flächen, die ein Abbild dessen waren, was man durch das Loch aus dem Kasten heraus erspähen konnte. Der Pionier Joseph Niepce entwickelte 1827 den ersten Film der Geschichte noch mit einer Mischung aus Lavendelöl und Alkohol.

So verrückt es klingt, von diesem Versuch im französischen Chalon führt ein direkter Weg zum ersten Intel-Chip 1971, der die elektronische Informationsverarbeitung revolutionierte. Mit Hilfe integrierter Schaltkreise war es möglich, sehr viele Daten auf kleinstem Raum zu verrechnen oder zu speichern. Fotografie und Chiptechnologie verbindet ein Werkzeug, das die Natur jeden Tag verschwenderisch zur Verfügung stellt: die elektromagnetische Strahlung. Wir würden salopp Licht sagen, aber das ist nur ein spezieller Fall. Man kann Strahlung eine Eigenschaft zuschreiben, die sich hervorragend sowohl zur Untersuchung als auch zur Herstellung winzigster Strukturen nutzen lässt: die Wellenlänge. Das ist sozusagen die kleinste Ausdehnung, auf die sich elektromagnetischen Strahlung bündeln lässt.

Sichtbares Licht hat Wellenlängen zwischen 400 und 800 Nanometern, ultraviolettes Licht (UV-Licht) unter 400 Nanometern, bei einem Nanometer spricht man bereits von Röntgenstrahlung. Die Quantenmechanik hat aber, wie wir in Kapitel 2 gesehen haben, die überraschende Entdeckung gemacht, dass auch Elementarteilchen unter bestimmten Umständen Wellenform annehmen können. Elektronen sind also auch als Strahlung nutzbar. Ihre Wellenlänge hängt von der Energie ab, mit der man sie durch den Raum schießt, und kann bis zu ein Zweihundertstel eines Nanometers oder weniger betragen.

Mit Elektronen sehen

Diese Tatsache nutzt 1931 nichts ahnend ein junger Physik-Doktorand in Berlin. Sein Name ist Ernst Ruska. Er hat bereits drei Jahre lang mit Elektronenstrahlen experimentiert. Eigentlich geht es ihm und seinem Gruppenleiter Max Knoll darum, einen besonders guten Oszillographen zu bauen, mit dem sie elektrische Prozesse in Kraftwerken messen wollen. Das Messergebnis wird hier als helle Kurve auf einem Bildschirm dargestellt, die durch Elektronenstrahlen auf der Innenseite entsteht. Nach demselben Prinzip wird übrigens das Bild in den Bildröhren unserer Fernseher – noch sind sie der Standard der TV-Technik – erzeugt. Ruska gelingt es, mit einem Magnetfeld den Strahl zu bündeln, sodass man einen schärferen Punkt bekommt. Das Magnetfeld wirkt wie eine Linse. Ruska fügt eine zweite «Magnetlinse» hinzu und erhält damit das mehr als 17fach vergrößerte Abbild des Platingitters, das sich zwischen der Elektronenquelle (einer so genannten Kaltkathode) und den Magnetlinsen befindet. Das Elektronenmikroskop ist geboren – mit einer im Prinzip um ein Vielfaches größeren Auflösung als ein herkömmliches Lichtmikroskop. Zwei Jahre später vollendet Ruska das erste ausgewachsene Elektronenmikroskop und errechnet dafür eine theoretische Auflösung von 0,2 Nanometern. Diese wird zwar erst 40 Jahre später erreicht werden. Aber nun steht ein Instrument zur Verfügung, mit dem man im Prinzip erstmals einen Blick in den Nanokosmos werfen kann. Das ist essenziell: Denn wenn man etwas ganz Winziges manipulieren will, muss man es natürlich auch sehen können.

Heutzutage wird die Elektronenmikroskopie auf zwei Arten

eingesetzt: als Transmissions-Elektronenmikroskop (TEM) oder als Raster-Elektronenmikroskop (SEM, für «Scanning Electron Microscope»). Das Erste arbeitet wie ein Lichtmikroskop, nur dass die Probe eben mit Elektronen «beleuchtet» und ihr «Elektronenbild» zum Beispiel von einem Leuchtschirm aufgefangen wird. Beim Rastern wird hingegen ein gebündelter Elektronenstrahl wie ein Suchscheinwerfer über die Probe geführt, und die zurückgestreuten und die zusätzlich aus dem Material herausgeschlagenen Elektronen gelangen in einen Teilchendetektor. Dieser Strom steuert die Helligkeit eines parallel betriebenen Leuchtschirms. Das TEM eignet sich für die Untersuchung dünner Proben. Das SEM kann auch Bilder für dickere Proben liefern, die maximale Auflösung liegt allerdings bei zwei Nanometern.

Mit Licht drucken

Ungefähr zur selben Zeit, als Ruska in Berlin das Elektronenmikroskop verfeinert, beginnt sich die Fotografie in eine neue Richtung zu entwickeln. Bei Eastman Kodak wird 1935 ein Kunststofflack erfunden, der sich erhärtet, wenn man Licht darauf scheinen lässt. Es ist der entscheidende Schritt zur Photolithographie. Das klingt zunächst eigenartig. Lithographie meint eigentlich das Bedrucken von Papier oder Stoffen mit Steinen, später auch mit anderen Stempeln. Wie soll man mit Licht drucken können?

Das geht ganz hervorragend. Dazu nimmt man eine kleine Platte aus Silizium, das auf der Erde in rauen Mengen vorhanden ist, und lässt sie ein wenig an der Oberfläche «rosten», zum Beispiel mit Hilfe von Wasserdampf. Dann bildet sich eine dünne Schicht Siliziumdioxid. Auf die trägt man wenige Mikrometer des lichtempfindlichen Lacks auf, in der Halbleiterindustrie Photoresist genannt. Hält man nun eine Maske mit einem Muster darüber und lässt durch die Öffnungen UV-Licht fallen, erhärtet sich der Photoresist überall dort, wo das Licht auftrifft. Das umgekehrte

Muster der Maske befindet sich jetzt in dem Kunststoff, genauso, wie ein Fotonegativ auf dem Fotopapier das Bild erzeugt. Die nicht erhärteten Stellen lassen sich mit einem Lösungsmittel wegspülen, und das Siliziumdioxid kommt wieder zum Vorschein – genau im Muster der Maske. Das wird nun an all diesen freien Stellen mit einer weiteren Chemikalie, zum Beispiel Flusssäure, weggeätzt, bis das ursprüngliche Silizium freiliegt. Danach kann auch der restliche Photoresist entfernt werden. Das Ergebnis ist ein Muster aus Siliziumdioxid auf einem Siliziumkristall – vielleicht die Vorstufe für die Transistoren eines Mikroprozessors. Nun kann man eine Schicht aus einem ganz anderen Metall aufdampfen und einen neuen Belichtungsschritt mit Maske und Photoresist vornehmen. Die Herstellung eines Pentium-Chips erfordert 20 solcher Schritte. Erst dann sind alle Leiterbahnen und Transistoren aufgetragen. Wenn man zwischen Maske und Kristall – in der Halbleiterindustrie werden sie Wafer genannt und haben einen Durchmesser von 20 bis 30 Zentimetern – noch Linsen postiert, kann man das Muster auf das Fünffache verkleinern. Dieser Technik haben wir den Durchbruch des PCs und des Internets zu verdanken. Erst so wurde es möglich, Hunderttausende bis Millionen von Schaltkreisen auf kleinstem Raum unterzubringen.

Kann man Licht verkleinern?

Diese Technik hat aber einen Haken: Die Gesetze der Optik begrenzen die «Minimum Feature Size», also die kleinstmögliche Struktur auf so einem Chip. Die kann nämlich nicht kleiner sein als die Hälfte der Wellenlänge des Lichts, mit dem man den Photoresist bestrahlt hat. Heute nimmt man Laserlicht, dessen Wellenlänge bei 193 oder 157 Nanometern liegt. Die Hälfte von 157 ist ungefähr 80. Also ist bei 80 Nanometern etwa Schluss? Das ist dann die ganze Nanotechnik?

Nein. Noch nicht. Den Nanoingenieuren ist es in den letzten Jahren gelungen, sich noch weiter nach der Decke zu strecken. Mit dem optischen Trick der so genannten Phasenverschiebung können sie Strukturen zwischen 20 und 50 Nanometer Größe schaffen. Noch kleiner geht es, wenn sie Fernes UV-Licht (EUV für engl. «Extreme UV») mit 11 bis 14 Nanometer Wellenlänge verwenden.

Sogar Röntgenstrahlen werden inzwischen eingesetzt. Diese lassen sich aber nicht mehr von herkömmlichen Linsen oder Spiegelanordnungen bündeln. Denn die Röntgenphotonen sind so klein, dass sie durch diese Materialien durchhuschen können. Das wissen wir ja vom Arztbesuch: Außer unseren Knochen kann sie nichts stoppen. Auch Magnetlinsen helfen hier nicht, weil die Lichtteilchen nicht geladen sind. Deshalb bedient man sich der so genannten Fresnel-Linsen. Das sind Platten, in die konzentrische Ringe geätzt wurden, deren Breite vom Mittelpunkt nach außen abnimmt. An ihnen werden die Röntgenstrahlen gebeugt, sodass sie ebenso in einem Brennpunkt zusammenlaufen wie sichtbares Licht hinter einer Linse.

Noch kleinere Strukturen lassen sich durch Elektronenstrahlen belichten, die eine ungeheuer kurze Wellenlänge haben. Der Nachteil ist allerdings, dass die Elektronen beim Aufprall zum Teil durch das Material gestreut werden – sie sind ja immer auch zugleich Teilchen. Dadurch können die Kanten der Strukturen etwas verwaschen. Die Techniken, die zur Vermeidung dieses Effekts eingesetzt werden, machen die Elektronenstrahl-Lithographie zu einem aufwendigen Verfahren.

Man hat mit dieser Technik viel erreicht. Nicht nur Computerchips. Aus Silizium sind in den vergangenen Jahren mit Elektronenstrahlen winzige Maschinen gefräst worden. Zahnräder, Hebel, ja kleine Motoren bilden die Elemente mikroelektromechanischer Systeme (MEMS), die etwa im Auto als Sensoren dienen und bei einem Aufprall den Airbag auslösen. Aber das ist alles noch «Bulk

Technology», wie die Amerikaner sagen, die Bearbeitung ausgedehnter Festkörper. Die Strahlung prasselt wie ein gewaltiger Sturzbach aus der Makrowelt auf die Kristalle herab und wäscht Muster in sie hinein, wie Wasser Felsen formt. Dies zwar mit ungeheurer Präzision. Doch einzelne Atome, Elektronen oder Moleküle werden damit noch nicht erreicht.

Wie auch immer man es dreht und wendet: Es ist, als ob wir mit unseren zu dicken Fingern am Ende mit stecknadelgroßen Schraubenziehern Schrauben festdrehen müssen. Das ist eigentlich eine Arbeit zum Verzweifeln. Richard Feynman hatte ja bereits überlegt, ob man nicht winzig kleine Greifarme bauen könnte, die für uns dann die Bausteine der Materie greifen und zusammenfügen würden. Die «Feynman-Hände» als das künftige Werkzeug einer Technik in atomaren Dimensionen? Knapp 20 Jahre nach Feynmans Rede brachte der Zufall der Geschichte eine andere Lösung auf den Weg, die sich im Nachhinein als unglaublich einfach und direkt ausnimmt.

6 Ein neuer Tastsinn

1978 findet der Schweizer Physiker Heinrich Rohrer, der im IBM-Labor in Rüschlikon bei Zürich arbeitet, dass nach Jahren an ein und demselben Forschungsthema – dem Gebiet der physikalischen Phasenübergänge – ein wenig Abwechslung gut tun könnte. Der Tunneleffekt hat es ihm angetan, jene quantenmechanische Kuriosität, bei der Strom scheinbar durch eine nichtleitende Barriere fließen kann.

Zur Verstärkung heuert Rohrer den Frankfurter Physiker Gerd Binnig an. Zunächst wollen sie sehr dünne Schichten auf Metalloberflächen untersuchen. Könnte man nicht ein Messgerät konstruieren, das ganz dicht über einer Oberfläche einen «Tunnelstrom» misst und damit etwas über die Beschaffenheit der Oberfläche verrät? Auf diesen Gedanken sind zu diesem Zeitpunkt auch schon andere Forscher gekommen. Neu ist aber Rohrers und Binnigs Idee, das Ganze im Vakuum zu probieren. Keine Luftmoleküle, keine Flüssigkeit, nichts soll zwischen Oberfläche und Sonde sein. «Viele haben dran gedacht, aber keiner hat es gemacht», sagt Rohrer heute. «Aber Innovation besteht nicht nur aus einer Idee, man muss es auch machen und sich dafür einsetzen.»

Das tun die beiden. Sie konstruieren eine Anlage, bei der eine ultrafeine Nadelspitze ganz dicht über der Oberfläche in Position gebracht wird. Gerade so, dass sich beide nicht berühren. Bewegt wird die Halterung der Spitze mit Hilfe eines so genannten piezoelektrischen Kristalls. Das ist ein Material, das sich ein wenig ausdehnt oder zusammenzieht, wenn man eine elektrische Spannung anlegt. Quartz oder Turmalin zeigen zum Beispiel diesen Effekt. Der Vorteil ist, dass hier keine Reibung zwischen Zahnrädchen auftritt wie beim Justieren eines Fernrohrs oder einer Kamera auf einem Stativ. Man kann damit die Halterung der Spitze unglaublich exakt und geschmeidig an eine bestimmte Stelle bewegen – und so eine kleine Fläche systematisch mit der Spitze entlang eines Rasters abtasten. Erst nach einigen Wochen wird Rohrer und Binnig klar, dass sich damit eine Art Landkarte einer Oberfläche erzeugen lässt. Ihr Gerät könnte also ein neues Mikroskop sein.

Die Anlage wird zunächst bei sehr tiefen Temperaturen, wenige Grad über dem absoluten Nullpunkt, betrieben. Als Dämpfer gegen etwaige mechanische Schwingungen wird die Probe mittels Magnetfeldern in die Schwebe gebracht. «Wir maßen bei Nacht und wagten vor Aufregung, vor allem aber um Vibrationen zu vermeiden, kaum zu atmen», erinnern sich die beiden.

Am 16. März 1981, nach 27 Monaten Arbeit, erhalten sie das erste eindeutige Messergebnis: Es gibt einen Zusammenhang zwischen Tunnelstrom und Abstand. Was bedeutet das? Legt man eine Spannung zwischen Nadelspitze und Metalloberfläche an, so fließt zwar kein regulärer Strom, weil sich beide ja nicht berühren. Im Einklang mit der Quantenmechanik gibt es jedoch eine gewisse Wahrscheinlichkeit, dass immer wieder Elektronen das Vakuum, das ja gewissermaßen eine elektrische Barriere darstellt, durchtunneln. Eben noch am Atom der Nadelspitze, tauchen sie plötzlich in der Metalloberfläche auf. Das bedeutet, dass ein bisschen Strom fließt, den man messen kann. Der Clou ist nun, dass die Stromstärke drastisch ansteigt, je näher die Spitze an der Oberfläche ist. Ändert sich der Abstand um ein zehntel Nanometer, steigt die Stromstärke auf den zehnfachen Wert oder fällt auf ein Zehntel. Diese können Binnig und Rohrer leicht an einem Oszillographen ablesen. Die Stromstärke kann über eine Rückkopplung auch zur bewussten Steuerung der Spitze eingesetzt werden. Hält man sie auf einem bestimmten Wert, wird die Spitze immer im selben Abstand über der Oberfläche bleiben.

In den folgenden zwei Jahren verfeinern sie ihr Gerät so, dass sie tatsächlich atomare Abbildungen von Oberflächen erhalten. Die Kurve der Stromstärke hat dort Buckel, wo die Spitze über einem Atom steht (siehe Graphik), und weist nur dann Täler auf, wenn die Spitze über dem Raum zwischen den Atomen schwebt. Das ist auch der entscheidende Unterschied zum Elektronenmikroskop. Dieses kann quasi ein zweidimensionales Foto der Oberfläche schießen. Es ist aber nicht in der Lage, Höhenunterschiede zu messen, die sich zu einer atomaren Landkarte verarbeiten lassen. Dennoch muss man sich klar machen, dass das Rastertunnelmikroskop (kurz: STM, für «Scanning Tunneling Microscope») kein Mikroskop im ursprünglichen Sinne ist. Es gleicht vielmehr dem Taststock eines Blinden, denn bezüglich der Strukturen im Nanokosmos sind wir Blinde. Es gibt keine Möglichkeit, diese mit Licht zu bescheinen und die Reflexionen zu sehen. Das, was wir hier als «sehen» bezeichnen, sind die Bilder, die ein Oszillograph oder ein Computer für uns aus den elektronischen Informationen übersetzt hat. Erstaunlicherweise beeinträchtigt die Heisenberg'-

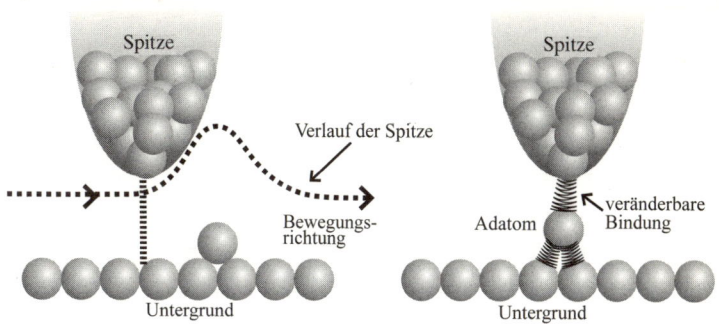

1. Aufnahmemodus   2. Manipulationsmodus

Spitze

Verlauf der Spitze

Bewegungs-richtung

Untergrund

Spitze

Adatom   veränderbare Bindung

Untergrund

Das Rastertunnelmikroskop. Im Modus der Bildaufnahme 1. fließt zwischen den Atomen der Mikroskopspitze (z. B. aus Wolfram) und des elektrisch leitenden Untergrundes ein so genannter Tunnelstrom. Dessen Stärke hängt vom Abstand ab. Hält man den Tunnelstrom konstant, wird der Abstand der Spitze über einen Rückkopplungsmechanismus immer gleich gehalten. Bei einer Erhebung, die aus einem Atom besteht, hebt sich die Spitze entsprechend: Ihr Verlauf zeichnet dann ein atomgenaues Profil des Untergrundes. Im Manipulationsmodus 2. wird die Spitze an ein so genanntes Adatom gefahren. Zwischen diesen und den Atomen der Spitze bildet sich eine chemische Bindung, das Adatom löst sich vom Untergrund und kann an einer anderen Stelle abgesetzt werden.

sche Unschärferelation der Quantenmechanik – nach der man Ort und Impuls eines Teilchens nie gleich exakt messen kann – die maximale Auflösung kaum. Sie liegt in der Senkrechten zwischen einem hundertstel und einem tausendstel Nanometer. Die seitliche Genauigkeit liegt bei einem zehntel Nanometer.

Der Durchbruch gelingt Binnig und Rohrer mit dem Bild einer Siliziumkristallstruktur, die bis dahin nur theoretisch berechnet worden ist. Viele sind hinter einem Bild her, doch Binnig und Rohrer erweisen sich am Ende als die Paparazzi des Nanokosmos, denen die Aufnahme gelingt. Liegt ihnen die Fachwelt nun zu

Füßen? O nein: «In dieser Arbeit fehlt im Grunde jegliche konzeptionelle Diskussion, ganz zu schweigen von einer konzeptionellen Neuigkeit», schreibt ihnen der Redakteur eines wissenschaftlichen Journals, in dem sie ihr Forschungsergebnis veröffentlichen wollen. 1986 bekommen sie zusammen mit Ernst Ruska, dem Erfinder des Elektronenmikroskops, den Nobelpreis. So kann man sich täuschen.

Vom Sehen zum Manipulieren

Das Rastertunnelmikroskop war für die Physiker ein Kulturschock. «Das Atom galt damals ein bisschen als etwas Heiliges», erinnert sich Gerd Binnig. Man wusste zwar, dass es aus vielen und ziemlich verrückten Teilen besteht. Etwa den Quarks, jenen kuriosen Innereien von Proton und Neutron, den Bausteinen eines Atomkerns, deren Wechselwirkung in Kernkraftwerken ausgenutzt wird. Aber zu Gesicht bekommen hatte man diese nur indirekt in gigantischen Teilchenbeschleunigern. Und dann kam dieses unbekümmerte, ja gegenüber dem heiligen Atom fast ein wenig respektlose Gespann Rohrer und Binnig und erfand einen Apparat, mit dem man einfach so ein einzelnes Atom richtig untersuchen konnte. Das hatte bis dahin nicht einmal die immer bessere Auflösung des Elektronenmikroskops vermocht.

Sehen konnte man das Atom nun, aber noch nicht greifen. Und also auch noch keine Dinge aus atomaren Bausteinen zusammensetzen. Doch dieser Schritt – ein Meilenstein in der Geschichte der Technik – ließ nicht lange auf sich warten. Wieder war es ein Zufall, der den Weg wies.

Don Eigler vom IBM Almaden Research Center hatte mit Hilfe des STM untersucht, wie sich Xenonatome an einer Platin-Oberfläche anlagern. Dabei war ihm aufgefallen, dass sich ein Xenonhaufen ein wenig verformt, wenn sie mit der Spitze des STM besonders nah herangingen. «Im September 1989 führten mein

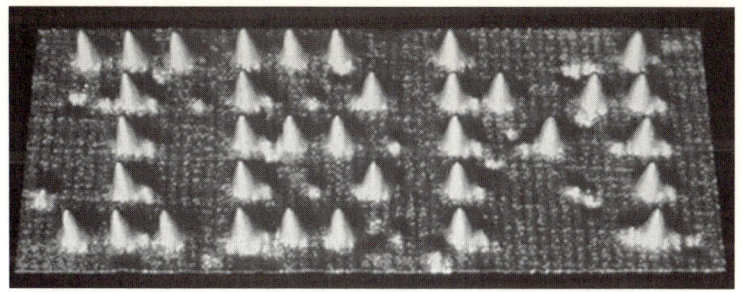

1989 gelang es Don Eigler von IBM erstmals, mit Hilfe des Rastertunnelmikroskops einzelne Atome auf einer Oberfläche zu platzieren: der Schriftzug IBM, «geschrieben» aus 35 Xenonatomen.

Kollege Erhard Schweizer und ich diese Versuche durch, als wir einen eigenartigen Strich auf unseren STM-Bildern bemerkten.» Der schien irgendwie von der Spitze der Rastersonde herzurühren. Eigler und Schweizer begannen, darauf zu achten, wann diese Striche auftraten: immer dann, wenn sie die Spitze ganz nah an die Probe heranbrachten. Sie änderten die Software, die das STM in einem Rastermodus steuerte, um die Spitze frei über die Oberfläche bewegen zu können. «Ich bewegte die Spitze direkt über ein Xenonatom, erhöhte den Tunnelstrom, damit sie noch dichter herankam, und ließ den Computer die Spitze dann an einen anderen Punkt fahren. Dort reduzierte ich die Tunnelstromstärke wieder, um die Spitze hochzuziehen. Dann wechselte ich wieder in den Aufnahmemodus. Nachdem ich ein neues Bild von der Oberfläche gemacht hatte, fand ich das Xenonatom an der neuen Position», erinnert sich Eigler. «Ich wiederholte das viermal, und es funktionierte jedes Mal. Das war der Meilenstein.»

Was dann kam, hat fast jeder schon einmal in Zeitschriften gesehen. Eigler und seine Gruppe bauten kurze Zeit später jenen berühmten «IBM»-Schriftzug aus 35 Xenonatomen. Anfang der Neunziger schufen sie die faszinierenden «Quantenwagenburgen», in denen Eisenatome wie die Planwagen amerikanischer

Siedler zu Kreisen in einer Prärie aus Kupfer angeordnet sind. 1997 bauten sie gar ein künstliches Molekül aus acht Caesium- und acht Jodatomen zusammen, ein atomarer Hügel, der in seiner Form ein wenig an den australischen Ayers Rock erinnert.

Zweiter Streich: Das Kraftmikroskop

Gerd Binnig entspricht überhaupt nicht dem Klischee des eigenbrötlerischen Genies. Ein lebhafter Mensch ist er, der einen zur Begrüßung so freundlich anlächelt, dass erst gar keine Befangenheit aufkommt. Keine Spur von unheimlicher Nobelpreis-Aura. Mit seinem hessischen Akzent redet er, wie ihm der Schnabel gewachsen ist. Wo andere Wissenschaftler berufsmäßig sorgsam abwägen, findet er klare, prägnante Worte. Dann rutscht er ein wenig auf seinem Stuhl nach vorn, um sich wieder abrupt aufzurichten, als ob er noch viel vorhat. Dabei hat er schon so viel erreicht, wie es nur wenigen Wissenschaftlern in ihrer Laufbahn vergönnt ist. Aber Binnig denkt weiter, er ruht nicht, er gräbt sich nicht ein in seinem Gebiet.

So ging es ihm auch nach dem Durchbruch mit dem Rastertunnelmikroskop. Binnig hatte in den USA Vorträge gehalten, auf Kongressen das Konzept und die ersten Bilder präsentiert, und langsam wich die Skepsis der Forschergemeinde. Man begriff, dass er und Rohrer etwas Großes entdeckt hatten. Dann wechselte er für einige Zeit an die Stanford University nach Palo Alto im Silicon Valley. Binnig fühlte sich ein wenig ausgelaugt von dem Rummel. Aber er schaltete nicht ab, nein, es gab eine Frage, die ihn nicht losließ: «Wie kann man das STM-Prinzip auf Isolatoren anwenden?» Dass zwischen STM-Spitze und Probe ein Tunnelstrom fließen konnte, funktionierte ja nur, wenn die Probe metallisch und damit elektrisch leitend war.

«Das hat mein Gehirn gemartert», erzählt Binnig. «Ich lag damals oft auf der Couch, dachte dabei nach und schaute an die De-

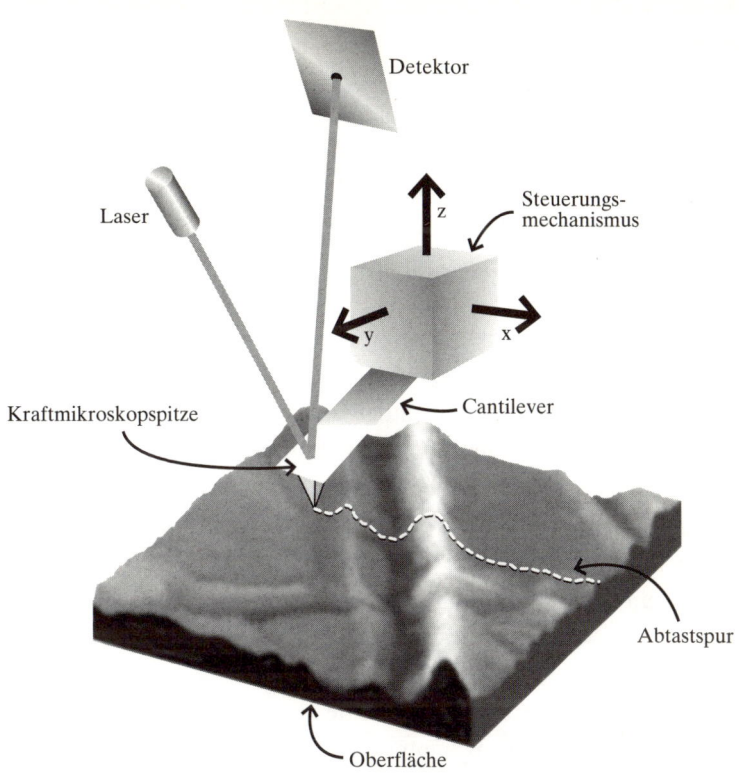

Das Kraftmikroskop.
- Detektor
- Laser
- Steuerungsmechanismus
- z
- y
- x
- Kraftmikroskopspitze
- Cantilever
- Abtastspur
- Oberfläche

Das Kraftmikroskop. Das Höhenprofil des Untergrundes wird hier über die Auslenkung eines Cantilevers (aus Silizium) ermittelt. Zwischen dessen Spitze und den Atomen des Untergrundes entsteht eine physikalische Wechselwirkung: Die Spitze wird z. B. angezogen. In diesem Fall ändert sich die Reflexionsrichtung eines einfallenden Laserstrahls. Diese Änderung kann in einem Detektor gemessen und daraus das Profil des Untergrunds errechnet werden.

cke. Und dann eines Tages, plötzlich war das Bild da, die Lösung – in der Sekunde an der Decke. Die Spitze ist auf einen Federbalken montiert. Sie bewegt sich und spürt eine Kraft.» Das Konzept des

Kraftmikroskops als göttliche Erscheinung an einer Zimmerdecke? Binnig lacht. «Ja, so war das.»

Das erste Kraftmikroskop (im Englischen: «Atomic Force Microscope», kurz AFM) baute Binnig zusammen mit den Physikern Calvin Quate und Christoph Gerber. Das Prinzip ist denkbar einfach: Ein Siliziumblock wird mittels Photolithographie so bearbeitet, dass schließlich an einer Seite nur noch ein kleiner Balken von vielleicht 70 Mikrometer Länge und einem halben Mikrometer Stärke absteht, der mit dem Rest des Blocks fest verbunden ist. An der Unterseite des Balkens befindet sich, ähnlich wie beim STM, eine Spitze. Nun beginnt man, diese über die Oberfläche der Probe zu ziehen. Weil jede Spitze letztlich in einem Atom endet, ist auch hier die Wechselwirkung zwischen Spitze und Oberfläche auf einen enorm winzigen Bereich beschränkt. Diese kann verschiedenener Art sein: Elektronenanziehung oder -abstoßung, Magnetfelder oder die chemische Van-der-Waals-Kraft. Ziehen sich die Atome an, wird der Hebel nach unten gebogen, bei Abstoßung nach oben. Und genau diese Verbiegung kann man messen. Lässt man nämlich einen Laserstrahl auf den Hebel fallen, wird dieser reflektiert (siehe Graphik). Wenn der Hebel sich biegt, wird die Reflexion ein wenig abgelenkt. Aus der Ablenkung kann man dann die Kraftwirkung auf den Hebel errechnen.

Auf diese Weise erreichten Binnig, Quate und Gerber erneut eine atomare Auflösung, allerdings erst nach einiger experimenteller Feinarbeit. «Das Prinzip des Kraftmikroskops erinnert ja sehr an einen normalen Plattenspieler. Dass das mit Mechanik besser funktioniert als mit einem Elektronenmikroskop, war schon erstaunlich», sagt Binnig.

Rastertunnelmikroskope von der Stange

Die ersten Tunnel- und Kraftmikroskope waren, so seltsam es klingt, in große Apparaturen eingebaut, weil hier viel improvisiert werden musste. Auch heute haben sie in Forschungslaboren noch beeindruckende Dimensionen. Betritt man im Zentrum für Nano-analytik an der Universität Hamburg den Messraum im Keller, blickt man in eine komplizierte Ansammlung von Stahlzylindern und -trögen, in die an manchen Stellen Bullaugen eingelassen sind oder an anderen Klappen geöffnet werden können, um Proben hineinzugeben. Die ganze Anlage hat ein Ausmaß von gut 2,50 Meter Höhe auf vier Quadratmeter Grundfläche. Das liegt daran, dass Messungen in atomaren Dimensionen im Ultrahochvakuum oder bei sehr tiefen Temperaturen dicht am absoluten Nullpunkt erfolgen müssen. Diese extremen Bedingungen werden mit ganz konventioneller Technik erzeugt, und die braucht nach wie vor Platz.

Inzwischen gibt es aber auch handliche Rastertunnelmikro-skope, die sogar Laien bedienen können. Die Geräte der Firma Nanosurf aus Basel sind kaum größer als ein tragbarer CD-Player und nicht für spezielle wissenschaftliche Untersuchungen gedacht. Ihre geringe Größe ist einer anderen Steuerung zu verdanken. Diese erfolgt ja über Piezoelemente, also die Kristalle, die sich bei Spannung ausdehnen oder zusammenziehen können. «Wir benut-zen Niederspannungs-Piezoelemente statt der früher üblichen Hochspannungsteile», erklärt Robert Sum, einer der Geschäfts-führer von Nanosurf, den Unterschied. «Wenn Sie das Gerät mit 12 Volt betreiben, können Sie es sehr kompakt bauen.»

Nanosurf verkauft das Gerät an Labore in Universitäten oder Unternehmen, die Oberflächen auf den Nanometer genau unter-suchen wollen, aber selbst keine Nanoforschung betreiben. Ein Flugzeughersteller in Großbritannien analysiere zum Beispiel die Oberfläche der Tragflächen mit einem dieser Geräte, sagt Sum. Ist die Bedienung einfach zu lernen? «Man stellt das Gerät auf eine beliebige Oberfläche. Mit drei Schrauben wird es zunächst grob und dann per Fernsteuerung fein justiert», so Sum. «Das kann man alles auf dem Rechner beobachten. In 10 bis 15 Minuten können

Sie so eine Justierung durchführen.» Zu dem Mikroskop selbst gehört noch ein schuhkartongroßer Rechner, der die Messdaten verarbeitet und zum Beispiel an ein Laptop weitergibt. Das ganze Equipment wiegt fünf bis sechs Kilo und verschwindet in einem gewöhnlichen Aktenkoffer.

Wer glaubt, Nanomechanik sei äußerst empfindlich, nur weil alles so klein ist, täuscht sich. «Einem unserer Verkäufer ist das Gerät einmal durch die Pariser Metro gekullert, ohne dass etwas kaputtgegangen wäre», erzählt Sum. Die Spitze kann natürlich leicht abbrechen. Doch zumindest beim Rastertunnelmikroskop kann man sie ganz einfach mit einem Draht und einer Zange neu schneiden. Am Ende eines jeden Drahts gibt es immer nur ein Atom, das der Probenoberfläche am nächsten kommt. «Die Studenten lernen bei uns als Erstes, sich so ihre Spitze selbst zu machen. Man braucht nicht immer Reinraumtechnik», sagt Sum.

Ein Werkzeugkasten voller Rastersonden

Die Rastersonden, wie man Tunnel- und Kraftmikroskope auch zusammenfassend bezeichnet, haben sich inzwischen zum Universalwerkzeug für die Nanotechnik gemausert und dabei auch weiterentwickelt. Die Spitzen und Hebelchen der Rastersonden werden von Forschern mit viel Kreativität an immer neue Aufgaben angepasst, sei es, um metallische Oberflächen noch besser zu verstehen, um biologische Moleküle genauer als je zuvor zu untersuchen, sei es sogar, um sie zu verändern. «Es gibt zwei wichtige Trends bei den Rastersondenmikroskopen», sagt Roland Wiesendanger, der das Hamburger Nanoanalytik-Zentrum leitet. «Der eine ist der parallele Einsatz von vielen Sonden, denn man will ja nicht immer nur mit einer einzigen Probe rastern. Der andere ist, Effekte zu finden, mit denen man Bilder mit ganz neuen Kontrasten erzielen kann.»

Ein Beispiel dafür ist das von ihm entwickelte so genannte

spinpolarisierte Rastertunnelmikroskop. Legt man ein Material mit mehreren magnetisch verschieden gepolten Flächen unter ein normales STM, bekommt man ein atomar scharfes Bild der Kristallstruktur. Von der Magnetstruktur sieht man jedoch nichts. Überzieht man aber die Spitze mit einer magnetischen Schicht aus Mangan, kann man die Magnetstruktur plötzlich exakt sichtbar machen. Die winzigen magnetischen Momente der Elektronen, Folge der quantenmechanischen Eigenschaft des Spins, verändern die Stärke des Tunnelstroms zwischen Manganspitze und Probe. Sind die beiden magnetisch gleich gepolt, fällt die Änderung anders aus, als wenn sie entgegengesetzt gepolt sind. Daraus lässt sich dann eine aufs Atom genaue Magnetisierungskarte der Oberfläche errechnen. Das Ziel dahinter ist nicht nur reine Neugier. Man könnte so neue, unglaublich dicht beschreibbare Computerspeicher bauen. Selbst in den besten Festplatten ist ein Bit in der magnetisierten Beschichtung noch immer 200 Nanometer lang und 20 Nanometer breit. Das ist weit von atomaren Dimensionen entfernt. Bei dem unersättlichen Datenhunger des Informationszeitalters ist es aber wohl zwingend, dorthin vorzustoßen.

Selbst der traditionellen Mikroskopie hat das AFM eine ungeahnte Möglichkeit eröffnet, die so genannte Scanning Near-Field Optical Microscopy (SNOM). Lässt man in die hohle Spitze eines AFM einen Lichtleiter ein, kann man die Oberfläche – zusätzlich zur Kraftwirkung auf den Hebel – mit Lichtteilchen untersuchen. Das Verblüffende ist, dass damit Strukturen erkannt werden können, deren Größe nur ein Zwanzigstel der Wellenlänge der Photonen beträgt. Eigentlich begrenzen die Gesetze der Optik die maximale Auflösung auf die Hälfte der Wellenlänge, wie wir in Kapitel 5 gesehen haben. Aber es gibt offensichtlich einige Lichtteilchen, die von der Oberfläche reflektiert werden und doch in den viel zu engen Lichtleiter und bis zum Fotodetektor gelangen.

Die originellste Anwendung des AFM ist jedoch der Nanofüllfederhalter, den der Physiker Chad Mirkin von der Northwes-

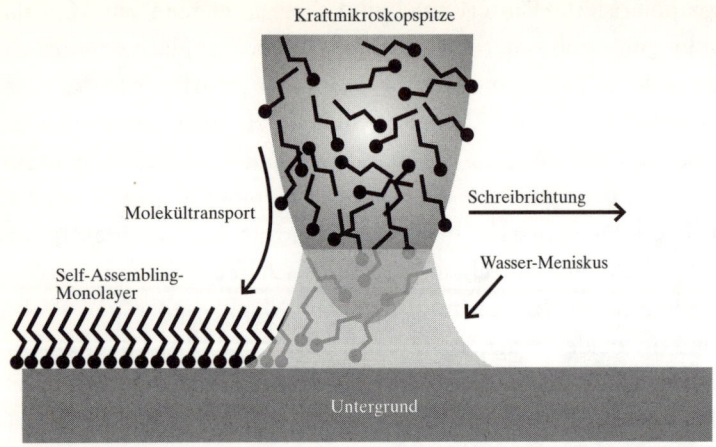

Die Dip-Pen-Nanolithographie. An der Spitze eines Kraftmikroskophebels herab fließt eine «Tinte» aus speziellen Molekülen auf den Untergrund. Dort ordnen sie sich in Reih und Glied zu einer nur 20 Nanometer breiten Schicht an, einer so genannten Self-Assembling Monolayer (s. a. Kapitel 7).

tern University in Chicago entwickelt hat. Dieses Verfahren wird Dip-Pen-Nanolithographie genannt und inzwischen von der Firma NanoInk, die Mirkin 2001 mit gegründet hat, unter dem Namen *Nscriptor* als kommerzielles Produkt vertrieben. Dabei lässt man an der Spitze des Hebelchens eine «Tinte» aus Molekülen herunterfließen, die man in einem bestimmten Muster auf eine Oberfläche auftragen möchte (siehe Graphik). Diese ordnen sich dann in bis zu 20 Nanometer breiten Linien an. Daneben kann man dann in einem zweiten Durchgang mit einem anderen Material eine zweite Linie zeichnen. Der minimale Abstand, der zwischen beiden Linien eingehalten werden muss, beträgt nur fünf Nanometer. Die Tinte besteht zum Beispiel aus so genannten Alkylthiolen, Molekülen, die hervorragend auf Goldoberflächen haften und Proteine oder andere biologische Moleküle binden können, was sich in der Biotechnik für Analysechips nutzen lässt. Erstaunlicherweise lagern sich die Moleküle in den Linien höchst geordnet auf dem Untergrund ab. So ist die Dip-Pen-Nanolithographie nicht nur eine clevere Abwandlung der Kraftmikroskopie, sondern auch ein Beispiel für das dritte wichtige Werkzeug der Nanotechniker: die Selbstorganisation. Diese werden wir im nächsten Kapitel kennen lernen.

7 Ordnung wie von Geisterhand

Die Nanotechnik ist nicht als Zeitvertreib gedacht. Kein Ingenieur, kein Chemiker oder Physiker türmt mittels Rastersonden Atome auf, weil ihm plötzlich beim Bau eines Buddelschiffs aus Streichhölzern langweilig geworden wäre und ihm der Sinn nach Abwechslung steht. Hier geht es um richtige, anwendbare Technologien, um neue Computerbauteile, Laser oder andere makroskopisch nutzbare Dinge. Wenn wir uns an das Schneckentempo erinnern, mit dem Don Eigler und seine Kollegen die Buchstaben «IBM» aus den 35 Xenonatomen zusammenmontierten, ist klar, dass man so bis zum – mutmaßlichen – Ende des Universums ackern müsste, um ein einziges sichtbares Kügelchen herzustellen.

Das ist aber gar nicht nötig. Die Natur hat ein Werkzeug bereitgestellt, das die Wissenschaft erst in den letzten Jahrzehnten entdeckt hat und allmählich in seiner ganz Tragweite versteht: die Selbstorganisation. Ein System ordnet sich von selbst. Das klingt nun wirklich nach Magie. Wer wünschte sich nicht, die Wohnung, der Schreibtisch, das Wohnzimmer würde sich in null Komma nichts von selbst aufräumen? Nur, so ist das leider nicht gemeint.

Selbstorganisation ist ein Phänomen, das in vielen Wissenschaftsbereichen auftritt. Physiker, Biologen, Chemiker, ja sogar Soziologen begegnen ihm bei ihren Untersuchungen. Wenn sich

Wolken am Himmel auftürmen, bilden sie manchmal geordnete Muster, zum Beispiel viele kleine Flöckchen. In einem Laser bildet sich in den Atomen eine Ordnung von energetischen Zuständen, die dazu führt, dass sie Licht exakt auf derselben Wellenlänge abstrahlen. Anstatt wie eine Glühbirne Photonen unterschiedlicher Energie in den gesamten umgebenden Raum abzugeben, ist ein Laserstrahl scharf gebündelt. Leben an sich ist das wohl spektakulärste Beispiel einer Selbstorganisation von Materie, das wir kennen. Wenn Embryonen oder Pflanzenkeime im Laufe von Tagen und Wochen die Gestalt eines Hundes oder einer Rose entwickeln, ist dieses Prinzip am Werk.

In all diesen Beispielen kommt die Struktur ohne menschliches Zutun zustande. Denn natürlich bezieht sich der Begriff «selbst» auf den Standpunkt des Menschen. Für uns sieht es so aus, als würde die Ordnung von selbst entstehen. Streng genommen stimmt das nicht, denn hier ist keine Geisterhand am Werk. Alles geschieht im Einklang mit den Naturgesetzen, auch mit dem berüchtigten Zweiten Hauptsatz der Thermodynamik. Der hat vielen schon in der Schule Kopfzerbrechen bereitet. Man kann ihn in die Alltagssprache so übersetzen, dass geschlossene Systeme mit der Zeit einen Zustand maximaler Unordnung erreichen, wenn man sich nicht weiter um sie kümmert. Stellen wir uns einen Becher mit zwei Kammern vor, in der einen kalte Milch, in der anderen heißer Kaffee, die durch eine Schiebewand getrennt sind. Entfernen wir die Schiebewand, mischen sich Milch und Kaffee. Erst sind es noch weiße und schwarze Schlieren, doch am Ende wird es immer lauwarmer hellbrauner Milchkaffee sein. Und solange wir nur auf den Becher starren und sonst nichts unternehmen, werden wir nicht erleben, dass sich Milch und Kaffee von selbst wieder in die beiden Hälften zurückziehen und «entmischen». Der Zweite Hauptsatz deckt sich also mit unserer Lebenserfahrung.

Die Entstehung der Ordnung

«Der Zweite Hauptsatz ist sehr schön, soweit er gilt, aber es stellt sich heraus, dass er nicht zur Beschreibung aller Systeme taugt. Einige Systeme streben nach Ordnung, nicht nach Unordnung, und das ist eine der größten Entdeckungen der Komplexitätswissenschaft», hat der amerikanische Biologe Stuart Kauffman einmal gesagt. Entscheidend ist, dass der Zweite Hauptsatz für ein «geschlossenes» System gilt. Alle Systeme, in denen Selbstorganisation auftreten soll, müssen aber offen sein: In sie fließt beständig Energie hinein. Da haben wir auch schon die erste Erklärung, warum sich kein Schreibtisch selbst organisiert, wenn er sich selbst überlassen und nur hin und wieder ein neuer Schwung Blätter, Stifte und CDs auf ihm abgelegt wird. Ihm wird keine Energie zugeführt.

Ein Energiezufluss allein genügt aber noch nicht. Wenn wir Wasser kochen, wird auch beständig Energie zugeführt, die zur Verdampfung führt. Der Wasserdampf, der aus dem Topf quillt, sieht aber nun alles andere als geordnet aus.

Damit Ordnung entsteht, ist eine so genannte Symmetriebrechung vonnöten. Ilya Prigogine und Grégoire Nicolis haben das in ihrem Buch *Die Erforschung des Komplexen* mit einem Experiment verdeutlicht, das der französische Physiker Henri Bénard um die vorletzte Jahrhundertwende gemacht hatte. Bénard hatte eine Flüssigkeit zwischen zwei horizontalen Metallplatten eingesperrt. Solange beide Metallplatten dieselbe Temperatur haben, ist die Flüssigkeit überall gleich warm. Ein fiktiver, ganz winziger Beobachter, der sich in der Flüssigkeit befindet, kann darin keine Struktur erkennen. Wohin er sich auch bewegt, die Flüssigkeit erscheint überall gleich. In der Sprache der Physiker ist sie in der Richtung seiner Bewegungen symmetrisch.

Nun wird die untere der beiden Platten langsam erwärmt. Lange Zeit stellt unser Beobachter nichts Besonderes fest. Doch wenn eine bestimmte Temperatur überschritten wird, passiert plötzlich etwas Eigenartiges: Die Flüssigkeit beginnt, zwischen den beiden Platten Strömungsrollen zu bilden, so als ob rotierende Cannelloni in einer Schale nebeneinander liegen und sich abwechselnd rechts- und linksherum drehen. Die Flüssigkeit hat nun eine Struktur, und der Beobachter kann verschiedene Orte in der Flüssigkeit unterscheiden, je nachdem ob er sich in einer links- oder rechtsherum drehenden Rolle befindet. Physiker sagen: Die Symmetrie ist gebrochen. Eine derartige Symmetriebrechung ist eine weitere Voraussetzung für Selbstorganisation.

Und noch eine Bedingung gibt es. Am Anfang einer Symmetriebrechung existiert eine klitzekleine zufällige Fluktuation, eine Abweichung vom normalen Verhalten. Damit diese sich zu der neuen Struktur auswächst, die das gesamte System erfüllt, muss sich die Störung rasant ausbreiten. «Das ist wie bei einer Lawine, die einen verschneiten Berghang hinunterjagt. Erst ist es ein wenig Schnee, der ins Rutschen kommt und dann weiteren Schnee mitreißt, der ebenfalls Schnee mitzieht. Dieser Lawineneffekt tritt nur in Systemen auf, die nichtlinear sind», sagt Eckehard Schöll. Der Physiker an der TU Berlin forscht seit den achtziger Jahren auf dem Gebiet der Selbstorganisation. Nichtlineare Systeme sind solche, in denen eine Eigenschaft sich nicht gleichmäßig, sondern exponentiell verändert. Das weltweite Bevölkerungswachstum der letzten Jahrhunderte folgt einer nichtlinearen Kurve. Sie steigt lange Zeit gemächlich an und biegt irgendwann steil nach oben ab. Nichtlinearität ist die dritte Bedingung für Selbstorganisation.

Die Energie, die nun konstant durch das System strömt und dabei die neue Ordnung ermöglicht, lässt sich allerdings nicht mehr zurückgewinnen. Der Vorgang ist nicht umkehrbar. Physiker sprechen hier von Dissipation. Das steht im Lateinischen für «Reibung». Auch dieser Begriff ist sinnvoll gewählt: Wenn wir im Auto auf ebener Strecke den Fuß vom Gas nehmen, wird die Reibung den Wagen nach einiger Zeit zum Stehen bringen. Die Fahrtenergie ist über die Reifen an den Asphalt abgegeben und damit unwiderruflich verbraucht worden. Das mag zwar banal klingen, aber es gibt auch nichtdissipative physikalische Systeme. Ein Satellit, der aus einer höheren in eine niedrigere Umlaufbahn bugsiert wird, hat durch das Schwerefeld der Erde dort eine niedrigere potenzielle Energie. Hebt man ihn wieder in den alten Orbit, nimmt seine potenzielle Energie wieder zu, er gewinnt die Differenz zurück.

Normalerweise verbinden wir mit Ordnung Stabilität. Wir würden wahrscheinlich sogar sagen, dass etwas Ordentliches ein Gleichgewicht darstellt. Diese landläufige Vorstellung ist falsch. Systeme, die Selbstorganisation zeigen, tun dies nur, wenn sie sich fern vom thermodynamischen Gleichgewicht befinden. Überall im Universum, wo wir Ordnung entdecken, gibt es kein Gleichgewicht. Ordnung entsteht nur, wo Energie hinzugefügt wird und sich eine Symmetriebrechung durch einen nichtlinearen Lawineneffekt ausbreitet.

Diese Erkenntnis ist erst in den letzten Jahrzehnten herangereift und eine der neuesten Entwicklungen in der Naturwissenschaft überhaupt. «Dies führt zu einem neuen Bild von der Materie: Sie ist nicht mehr passiv wie im mechanischen Weltbild, sondern mit spontaner Aktivität ausgestattet. Dieser Wechsel ist so grundlegend, dass wir glauben, von einem neuen Dialog mit der Natur sprechen zu können», schreiben Prigogine und Nicolis enthusiastisch. Allerdings ist das Verständnis der Selbstorganisation noch längst nicht abgeschlossen. Einige Grundmuster für spontane Ordnung hat man bereits gefunden – sechseckige oder würfelartige Strukturen –, aber wie viele es im Universum gibt, ist «aktueller Forschungsgegenstand», so Schöll.

Der Organisation kann geholfen werden

Der Enthusiasmus der Thermodynamiker passt zur Begeisterung der Nanotechniker. Für sie ist die Entdeckung der Selbstorganisation ein Segen. Sie können auf diese Weise im Nu Milliarden von

feinen Strukturen gleichzeitig herstellen, ohne selbst Hand anzulegen. Vorausgesetzt, sie wissen, welche Stellschrauben sie in ihrer
experimentellen Anordnung drehen.

Um das klarer zu machen, wollen wir einmal eine Strukturie-
rung durch Selbstorganisation mit einer durch Werkzeuge aufge-
prägten vergleichen. Als Beispiel wählen wir die Photolithographie. Wie wir in Kapitel 5 gesehen haben, wird sie heute eingesetzt,
um Computerchips herzustellen. Die Struktur wird dabei von
einer Fotomaske vorgegeben, die jemand angefertigt hat. Dann
lässt man Licht passender Wellenlänge durch die Maske scheinen,
und überall dort, wo die Maske ein Loch hat, wird das Material, ein
Kunstharz, belichtet.

Nun lassen wir das Licht einfach so auf unser Material scheinen, ohne Maske. «Wenn es sich um ein fotorefraktives Material
handelt, dessen Brechungsindex nichtlinear ist, kann es zu
Schwankungen der Elektronendichte kommen», erläutert Eckehard Schöll. Solche fotorefraktiven Materialien sind Kristalle wie
Lithiumniobat. Aus den Schwankungen entsteht dann eine neue
Struktur in dem Kristall. «Die kann sehr viel kleiner sein, als wenn
man sie von außen aufprägt. Daraus könnte man zum Beispiel neuartige optische Speichermedien mit hoher Informationsdichte
konstruieren.»

Eine in der Nanotechnik besonders verbreitete Anwendung
des Phänomens sind sich selbst zusammenbauende Molekül-
schichten, die «Self Assembling Monolayer» oder kurz SAM.
Bringt man nämlich längliche Kettenmoleküle wie schwefelhalti-
ge Alkylthiole oder siliziumhaltige Silane auf ein Metall auf, pur-
zeln diese nicht einfach durcheinander und bleiben dann wie vom
Wind zerzauste Zweige auf der Oberfläche liegen. Sie ordnen sich
schön parallel in Reih und Glied an und stehen dann wie endlose
Kolonnen in einer gigantischen Militärparade. Auch hier gilt wieder die bereits erwähnte Beobachtung von Stuart Kauffman: Die
Ordnung scheint dem Zweiten Hauptsatz der Thermodynamik zu

widersprechen, nach dem das Universum wachsende Unordnung bevorzugt. Für die Moleküle ist sie jedoch energetisch vorteilhafter, als wenn alle wie Kraut und Rüben herumliegen würden. Dieser Prozess kann auftreten, wenn die Moleküle in einer Lösung schwimmen, aber auch wenn sie in einem Gas umherschwirren. In welchem Winkel die Stränge sich aufreihen und wie viel Platz jeder einzelne benötigt, hängt von verschiedenen Bedingungen ab: In welcher Konzentration schwimmen sie in einer Lösung? Bei welcher Temperatur und unter welchem Druck findet das Ganze statt? Befinden sich bereits andere Moleküle auf der Oberfläche, die den «Selbstzusammenbau» beeinflussen können? Welche Kristallstruktur hat der Untergrund? Auch welche Form die Kettenmoleküle haben, spielt eine Rolle. Ausladende Enden können dazu führen, dass jedes einzelne Molekül mehr Platz braucht und so der Zusammenhalt der Schicht schwächer ist, schlanke Ketten hingegen halten über die Van-der-Waals-Kraft fester zusammen.

SAM können Anker für Proteine sein, Wasser abweisen oder die elektronische Struktur eines darunter liegenden Metalls oder Halbleiters verändern. Eine interessante Methode, um SAM auf einen Untergrund aufzutragen, ist das «Nanoimprinting», also Drucken im molekularen Maßstab. Entdeckt wurde es 1993 von George Whitesides und Amit Kumar von der Harvard University. Taucht man einen Polymerstempel in eine Tinte aus Alkylthiolen und drückt diesen dann zum Beispiel auf eine Goldoberfläche, bleibt an den Kontaktflächen eine Tintenschicht zurück, die genau eine Moleküllage dick ist. Bei dieser Schicht handelt es sich um eine SAM. Der Stempel wird mit Hilfe der Photolithographie hergestellt. Inzwischen kann man damit Muster drucken, deren Details kleiner als 50 Nanometer sind.

8 Das Kohlenstoff-Zeitalter

Es gibt Epochen, die sich durch einen Stoff charakterisieren lassen. Eine Substanz, die Kreativität, Macht, ja sogar Gier auslöst. Die Eroberung der indianischen Reiche in Amerika durch die Spanier ist untrennbar mit Gold verbunden. Die Legende von «El Dorado» zog Tausende von Räubern und Abenteurern über den Atlantik. Die zweite Hälfte des 19. Jahrhunderts wurde vom Stahl beherrscht, aus dieser Zeit stammt der Begriff «Stahlbarone» für mächtige Industriemagnaten. Die letzten drei Jahrzehnte könnte man das Zeitalter des Siliziums nennen. Es ermöglichte Computerprozessoren und die Informationsrevolution und hat aus einer Landschaft von beschaulichen Obstgärten am Rande der San Francisco Bay Area das «Silicon Valley» werden lassen.

Die Nanotechnik läutet vielleicht das Zeitalter des Kohlenstoffs ein. Unter den 118 uns zurzeit bekannten Elementen des Universums sticht es heraus. Nicht weil es am leichtesten oder besonders schwer ist oder geheimnisvolle Strahlen aussendet. Nein, es ist der einfallsreichste und eleganteste Architekt in der Quantenwelt, der völlig verrückte Moleküle und Stoffe baut. «Kohlenstoff ist wirklich sonderbar. Die Tatsache, dass es so viel Kohlenstoff im Universum gibt, der alles Leben ermöglicht und schließlich gar den Menschen hervorbringt, ist auf die Besonderheiten der Kernchemie von Kohlenstoff zurückzuführen», hat der britische Chemie-Nobelpreisträger Harold Kroto bei seinem Nobelpreis-Vortrag festgestellt. Kroto ist einer der Forscher, deren Entdeckung Kohlenstoff in den Rang eines herausragenden Nanomaterials befördert hat.

In den Elementen umschwirren die Elektronen nicht in beliebigen Abständen den Atomkern, sie halten sich in so genannten Schalen auf. In diese passen nicht beliebig viele Elektronen hinein, bei den leichten Elementen sind es maximal acht. Immer dann, wenn die Schalen nicht voll sind, können Elektronen sich mit ihren

Genossen von anderen Atomen verbinden. Vorzugsweise in Paaren, so als ob zwei Hand in Hand durch den Nanokosmos gehen und ihre Atomrümpfe mit sich ziehen. Sinnigerweise nennt man diese Art der chemischen Verbindung auch «Elektronenpaarbindung» (der wissenschaftliche Name ist «kovalente Bindung»).

Atome haben nun einen Hang dazu, die Elektronen ihrer äußeren Schale so lange Paare bilden zu lassen, bis die Zahl acht erreicht ist. Denn das jeweils fremde Elektron rechnen sie sich einfach selbst an. Sauerstoff hat sechs Elektronen, von denen sich zwei paaren, zum Beispiel, wenn sie zwei Wasserstoffatome mit je einem einzelnen Elektron erwischen. Sechs und zwei ist acht – Schale voll. Das Ergebnis ist das Wassermolekül.

Was macht nun ein Kohlenstoffatom? Wenn es seine vier Elektronen anderen Kohlenstoffatomen entgegenstreckt, bilden sich – bei hohem Druck – vier Paare. Der Clou ist dabei aber, dass diese nicht mit ein und demselben Gegenüber gebildet werden, sondern mit vier verschiedenen Atomen. Das funktioniert dann, wenn die vier Bindungen alle gleich weit voneinander entfernt sind. Die Nachbaratome bilden also um das ursprüngliche Atom eine dreiseitige Pyramide mit vier Ecken, wie man sie von den alten Saft- oder Milchtüten von Tetrapak kennt. Vier mal zwei gleich acht, und das ganz kompakt: Das Ergebnis ist Diamant, die härteste Substanz des Universums.

Unter bestimmten Bedingungen zieht der Kohlenstoff eine andere Form vor, in der sich die Atome in Ebenen anordnen. Dabei bilden sie ein Muster, das wie der Querschnitt durch lauter Bienenwaben aussieht. Dies ist Graphit. Weil hier derartige Schichten locker aufeinander liegen, ist er im Gegensatz zum Diamant ganz weich. Verbunden werden diese Schichten über das jeweils übrig gebliebene Elektron der Kohlenstoffatome. Packen wir Graphit in eine Bleistiftmine, können wir mit dem Abrieb Buchstaben auf Papier zeichnen.

Kohlenstoff verbindet sich aber ebenso gern wie mit seinesgleichen mit anderen Elementen, zum Beispiel Wasserstoff, Stickstoff, Sauerstoff oder Schwefel. Weil seine Schale genau halb voll ist, kann es das in unglaublich vielen Variationen, so vielen wie kein anderes Element. Die Vielfalt dieser Kohlenstoffverbindungen hat deshalb einen eigenen Namen bekommen, die organische Chemie, denn sie ist die Grundlage des irdischen Lebens.

Ein molekularer Fußball

All das wusste man schon lange bevor der Begriff «Nanotechnik» aufkam. Man dachte sogar, dass man im Prinzip alles über Kohlenstoff wüsste. Rein kommt er nur als Diamant, als Graphit oder in Form von Clustern vor. Klarer Fall. Ein paar Forscher hatten Ende der sechziger, Anfang der siebziger Jahre theoretische Überlegungen angestellt, ob es auch noch andere Erscheinungsformen geben könnte. Doch ihre wissenschaftlichen Aufsätze fanden keinen Nachhall.

Das änderte sich im September 1985. Ein Team aus Chemikern von der Rice University in Houston, Texas, um Richard Smalley und Robert Curl hatte Harold Kroto eingeladen, für einige Tage aus England herüberzufliegen und an einem neuen Versuchsaufbau die Bedingungen in den Hüllen alter Sterne, so genannter Roter Riesen, zu simulieren. Sie wollten auf diese Weise neue Erkenntnisse über die Kohlenstoffchemie im All gewinnen. Kroto, der seit Jahren zusammen mit Astronomen Molekülen im Weltraum nachspürte, kannte die Houstoner bereits und sagte begeistert zu. Unter anderem hatten diese schon herausgefunden, dass Siliziumkarbid, SiC_2, ein Dreiecksmolekül ist, eine ziemlich ungewöhnliche Form in der Natur.

Der Apparat, mit dem sie arbeiteten, bestand aus einer rotierenden Graphitscheibe, auf die von oben ein Laser gerichtet wird. Der unglaublich energiereiche Lichtstrahl schlägt dann Kohlenstoffatome aus dem Graphit heraus, die sich zu diversen Molekülen verbinden. Diese bläst man mit einem Strom aus Helium, das chemisch nicht mit den Molekülen reagieren kann, aus der Kammer, um sie anschließend in einem Massenspektrometer zu identifizieren. Das tat die Gruppe mehrere Tage lang. Als sie dann die Messergebnisse in der Hand hielt, entdeckte sie darin einen «ungebetenen Gast», wie Kroto es scherzhaft formulierte. «Er hatte 60 Kohlenstoffatome und wurde von einem Partner mit 70 Kohlenstoffatomen begleitet, der nicht ganz so zahlreich vorhanden, aber sehr wohl bemerkbar war.» Die Gruppe begann, sich den Kopf darüber zu zerbrechen, was für eine Substanz das sein könnte. Ihnen fielen die alten Aufsätze wieder ein. «Die hatten jedoch nicht einmal 60 Hirnzellen in mir angestoßen, um wenigstens zu erahnen, was hier vor sich geht», wunderte sich Kroto, «und offensichtlich hatte auch sonst niemand eine Idee.» Ein Graphitfetzen aus 60 Kohlenstoffatomen hätte an den Rändern eigentlich so viele freie Elektronen, dass sie sich sofort Wasserstoffatome angeln. Nur waren ja in dem Versuchsaufbau keine Wasserstoffatome anwesend. Vielleicht hatten die Elektronen sich untereinander verbunden? Dabei hätte sich der flache Graphitfetzen allerdings irgendwie zusammenknüllen müssen. Ein Käfig aus lauter Sechsecken, aus der Bienenwabenstruktur des Graphits? «Die Idee mit dem Sechseck-Käfig erinnerte mich an einen Familienausflug zur Expo '67 in Montreal, auf der Buckminster Fullers Kuppel die Szene beherrscht hatte.» Buckminster Fuller war ein amerikanischer Erfinder und Architekt und berühmt für seine so genannten geodäsischen Dome. Das waren Stahlkonstruktionen aus lauter Fünf- und Sechsecken, die sich zu Kuppeln und Kugeln formten.

«Ich lud das Team in ein mexikanisches Restaurant ein, um die aufregende Entdeckung zu feiern. Überflüssig zu erwähnen, dass wir die ganze Zeit damit zubrachten, das Rätsel zu lösen», erinnert sich Kroto weiter. «Rick bastelte mit Sechsecken aus Papier herum, Jim und Carmen mit Zahnstochern und Bohnen.» Am nächsten Morgen hatte Richard Smalley die Lösung gefunden: ein kugelartiges Molekül aus 60 Kohlenstoffatomen, die in 12 Fünfecken und 20 Sechsecken angeordnet waren (siehe Abbildung S. 74).

Das Muster kannten alle: Seine makroskopische Variante wird rund um die Welt mit Füßen getreten. Seit Anfang der siebziger Jahre werden Fußbälle aus genau 12 fünfeckigen und 20 sechseckigen Lederflicken zusammengenäht. Kroto schlug als wissenschaftlichen Namen «Buckminsterfulleren» vor. Dabei ist es geblieben, auch wenn man heute kurzerhand von «Buckyballs» spricht.

Zwei Tage später hatten sie den Aufsatz über ihren Fund fertig, den sie ans britische Wissenschaftsmagazin *Nature* schickten. Und diesmal wurde das C_{60}-Molekül nicht übersehen: Elf Jahre später bekamen Kroto, Smalley und Curl den Chemie-Nobelpreis. Smalley betonte allerdings in seiner Festrede, der könne nicht der Beschreibung eines solchen Moleküls gelten – die hatten ja bereits der Japaner E. G. Osawa und andere geliefert –, sondern nur der Entdeckung, dass die Natur es von selbst zusammenbaut.

Vom Buckyball zur Nanotube

Heute mehr denn je ist die erste Frage nach einer wissenschaftlichen Entdeckung: Was kann man damit machen? Zwar mutmaßten viele, dass die Buckyballs ein bedeutender Rohstoff werden könnten. Tatsächlich schienen sie aber eine Lösung zu sein, für die man erst einmal ein Problem finden musste. Denn wozu sollte man einen Fußball von 0,7 Nanometer Durchmesser gebrauchen können? Noch 1994 fragte das britische Magazin *New Scientist*: «Have Buckyballs lost their bounce?» (Haben die Buckyballs ihren Drall verloren?)

Das hat sich drastisch geändert, dank einer höchst originellen Variante der Fullerene. Die muss man sich so vorstellen: Man schneidet den Fußball in der Mitte zu zwei Halbkugeln auf, rollt dann ein Stück einer Bienenwaben-strukturierten Graphitschicht zu einer kleinen Röhre zusammen und schiebt diese zwischen die beiden Halbkugeln. Das Ergebnis ist ein Molekül von der Art, wie es Sumio Iijima 1991 in seinem Labor beim japanischen Elektronikkonzern NEC in Tsukuba fand. «Hier berichte ich von der Präparation einer neuen Art von Kohlenstoffstruktur, die aus nadelartigen Röhren besteht», schrieb Iijima im Wissenschaftsmagazin *Nature* sachlich. Dabei hatte er den neuen Stoff der Träume gefunden. Schnell wurde diese Kohlenstoffröhre «Nanotube» getauft.

Iijima hatte sich bereits jahrelang mit Kohlenstofffasern beschäftigt, die zum Beispiel Kunststoffe verstärken und so leichte, aber stabile Karosserien in Autos und Flugzeugen ermöglichen. In jenem Jahr experimentierte er mit einer neuen Anordnung aus Graphitelektroden. Mit dieser hatten kurze Zeit vorher zwei Gruppen – eine um Wolfgang Krätschmer am Max-Planck-Institut für Kernphysik in Heidelberg, die andere um Donald Huffman an der University of Arizona in Tucson – zum ersten Mal gezielt Buckyballs in größeren Mengen herstellen können. Bringt man die beiden unter Spannung gehaltenen Graphitelektroden in Kontakt, gibt es einen Kurzschluss. Die Energie, die sich dabei heftig entlädt, haut ähnlich wie schon in dem Houstoner Versuch Kohlenstoffatome aus dem Graphit. In dem Ruß, der sich in der Versuchskammer nach kurzer Zeit niederschlägt, liegen dann 13 Prozent des Kohlenstoffs als C_{60}-Moleküle vor.

Iijima ließ die Elektroden sich jedoch nicht berühren. Überschreitet die Spannung zwischen diesen einen bestimmten Wert, kommt es zu einer Bogenentladung. Die Elektronen fliegen durch das umgebende Heliumgas von der einen Elektrode zur anderen. Irgendwann war die eine Elektrode in Iijimas Versuchsaufbau vollständig verdampft, während sich auf der anderen ein Wald aus vielen winzigen Nadeln gesammelt hatte. Iijima untersuchte die Nadeln unter dem Elektronenmikroskop und fand zu seiner Überraschung, dass sie aus vielen ineinander geschachtelten Röhrchen bestanden. Bis zu 50 fand er wie russische Matroschka-Püppchen ineinander gesteckt. Zwei Jahre später, 1993, entdeckte er dann zeitgleich mit IBM-Forschern in Kalifornien, dass man auch Nanotubes mit nur einer einzigen Wand produzieren kann. Das gelingt, wenn eine der beiden Elektroden mit Kobalt oder Eisen verunreinigt ist.

Übrigens hatte auch Iijima die Nanotubes genauso wenig als Erster entdeckt, wie Smalley, Kroto und die anderen die Buckyballs. Einige Forscher waren schon vorher darauf gestoßen, hatten aber nicht die Bedeutung der Röhrchen erkannt.

Quantenakrobatik

Während die Buckyballs vor allem durch ihre Ästhetik bestechen, mausern sich die Nanotubes zu einem Werkstoff der Zukunft. Inzwischen vergeht kaum ein Monat, in dem nicht ein Forscherteam eine neue, mehr oder weniger spektakuläre Anwendung dieser winzigen Fasern vorschlägt. Einige davon werden wir im dritten Teil des Buches kennen lernen. Dass die Kohlenstoffröhre ein echter Star der Nanomaterialkunde geworden ist, liegt an ihrer unglaublichen Vielseitigkeit. Dieses Molekül ist geradezu ein Verwandlungskünstler.

Stellen wir uns einmal vor, wir hätten ein Drahtgeflecht aus lauter Sechsecken vor uns auf dem Tisch liegen. Ein quadratisches Stück mit, sagen wir, zehn Reihen von Sechsecken übereinander. Nun haben wir drei Möglichkeiten, das Geflecht zu einer Röhre aufzurollen. Wir können es so machen, wie wir eine Flasche Wein in Papier einpacken: Dann berühren oder überlappen sich die Kanten des Geflechts genau parallel zu einander. Allerdings macht es einen Unterschied, welche der jeweils gegenüberliegenden Kanten aufeinander zurollen. Das Ergebnis kann nämlich so aussehen, dass die Reihen der Sechsecke entweder parallel zum Umfang der Rolle oder parallel zu ihrer Längsachse verlaufen. Im ersten Fall nennt man das Ergebnis eine «Armchair-Nanotube». Sie ist immer metallisch, leitet also den Strom. Man könnte solche Röhrchen demzufolge als Drähte für elektrische Schaltungen benutzen. Beim zweiten Fall handelt es sich um eine «Zigzag-Nanotube». Wickeln wir das Geflecht jedoch leicht schräg auf – so wie Blumenhändler meist Sträuße einpacken –, werden wir feststellen, dass die Sechseck-Reihen weder parallel zum Umfang noch zur Längsachse verlaufen, sondern sich wie die Rillen einer Schraube schräg um die Nanotube ziehen. Das ist eine «chirale» Nanoröhre (siehe Graphik). Chirale und Zigzag-Nanoröhren sind nicht immer metallisch. In zwei Dritteln der Fälle verhalten sie sich wie ein Halbleiter: Die Elektronen können nicht ohne weiteres fließen, weil sie sich unterhalb der Bandlücke befinden, einer Energiebarriere im Molekül oder Kristall, die leitende Zustände von nichtleitenden trennt. Wann die schief gewickelten Röhrchen Halbleiter sind, kann man mit einer Formel zur Geometrie der Sechsecke ausrechnen. Aber auch der Röhrendurchmesser hat Einfluss auf ihr Verhalten. Je kleiner der Umfang, desto größer ist die Bandlücke und damit der Halbleitercharakter.

Diese einwandigen Nanotubes haben noch mehr auf Lager. Ihre Steife ist zehn-, zwanzigmal größer als die von Stahl. Das macht sie zur perfekten Spitze für Rastertunnelmikroskope, die nicht kaputtgeht, wenn man sie aus Versehen einmal etwas zu fest in die Oberfläche der Probe rammt. Die metallischen Varianten leiten Strom besser als Kupfer und Wärme schneller als Diamant – da schlagen die Herzen von Chipherstellern schon höher. Leider ist ihre Herstellung so aufwendig, dass sie viel teurer als Gold sind. Je nach Reinheitsgrad und Menge kostet ein Gramm zwischen 250 und 1000 Dollar. Verschachtelte Nanoröhren, die diese hübschen Eigenarten nicht haben, sind dagegen bei einem Preis von 2 Dollar pro Gramm bereits bezahlbar.

Inzwischen ist es auch gelungen, die einwandigen Röhren

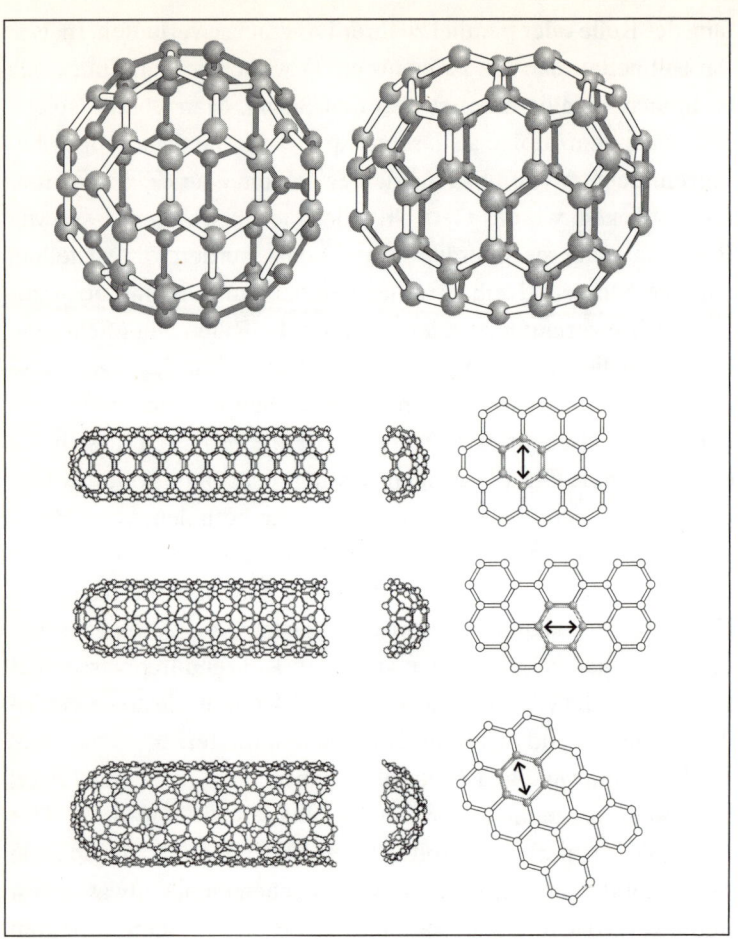

Buckminsterfullerene. Die beiden Kohlenstoff-Käfigmoleküle C_{60} (links) und C_{70} haben die Form eines Fußballs bzw. eines Rugby-Eis. Ihre Struktur wurde 1985 entdeckt: Die Kohlenstoffatome bilden ausschließlich Fünf- und Sechsecke. Das C_{60} wird auch «Buckyball» genannt. Eine besondere Variante der Fullerene sind Kohlenstoff-Nanoröhrchen, «Nanotubes» genannt. Je nach der Ausrichtung der Sechsecke in der Röhrenwand unterscheidet man «Armchair»- (oben), «Zigzag»- (Mitte) oder «chirale» Nanotubes. Sie unterscheiden sich in ihren Materialeigenschaften.

immer länger zu machen. Ursprünglich nur einige Mikrometer kurz, schafften es chinesische Forscher im vergangenen Jahr, daraus zwei bis vier Millimeter lange Kohlenstofffäden zu ziehen. Zur selben Zeit fand ein Team um Hilber von Löhneysen an der Universität Karlsruhe ein Verfahren, mit dem sich metallische und halbleitende Nanoröhren sortieren lassen. Denn die entstehen bei der Produktion immer zusammen. Legt man nun ein Wechselstromfeld an den Haufen der frisch hergestellten Tubes an, beginnen die Elektronen mehrere Millionen Mal pro Sekunde hin und her zu jagen und zwei elektrische Pole zu bilden. In den metallischen Röhren sind sie beweglicher, die Pole bilden sich schneller: Die Röhren wandern schneller zu einer Elektrode.

9 Nanokristalle und Quantenpunkte

Nach dieser Lobeshymne auf den Kohlenstoff kann man sich natürlich fragen, ob Silizium und andere Halbleiter wie Galliumarsenid bald Schnee von gestern sein werden. Nein, werden sie nicht. Doch während sie ihre heutige Bedeutung für Computer wohl in 10, 15 Jahren verlieren, werden sie in einer anderen Form immer wichtiger: als so genannte Quantenpunkte. Und auch andere altbekannte Metalle mutieren bereits zu Nanomaterialien.

Insbesondere hier haben Physiker in den vergangenen 20 Jahren herausgefunden, dass «nano» nicht einfach nur kleiner bedeutet. Unterschreiten nämlich Teilchen aus Halbleitern und Metallen einen gewissen Durchmesser, nehmen sie einige verblüffende Eigenschaften an. Unterhalb einem Durchmesser von 20 Nanometern etwa benehmen sie sich nicht mehr wie kleine Festkörper oder Kristalle. Sie werden ganz abrupt zu einer neuen Klasse von Stoffen.

Das hat zwei Gründe. Zum einen wird ihre Oberfläche «fühlbar». Jeder Gegenstand hat Atome, die seine Grenze zur Außenwelt bilden, und andere in seinem Innern. In einem Klümpchen, das wir noch unter einem normalen Mikroskop sehen können, ist die Zahl der Oberflächenatome im Verhältnis zu den innen liegenden Atomen sehr klein. Zur Energie, die das Klümpchen hat, tragen sie nicht viel bei. Ganz anders bei einem Nanoteilchen. Bei einem Durchmesser von drei Nanometern enthält es etwa 800 Atome, von denen ein Drittel die Oberfläche bildet. Die Oberflächenatome sind also plötzlich keine Randerscheinung mehr. Es ist fast wie ein Klassenkampf im Nanokosmos: Jetzt bestimmen sie entscheidend physikalische Eigenschaften wie zum Beispiel den Schmelzpunkt.

Stellen wir uns zwei Haufen aus Galliumsulfid vor, einem Halbleiter, der im kristallinen Zustand schmutzig gelb aussieht und giftig wirkt, wenn er in den menschlichen Körper gelangt. Die Haufen liegen in einem Laborofen, der noch nicht eingeschaltet ist: Einer besteht aus vergleichsweise groben Körnchen, der andere aus sehr vielen Nanopartikeln, und beide sind noch fest. Werfen wir nun den Ofen an. Bei 400, 500 Grad beginnt der Nanohaufen zu schmelzen, während der andere noch bis 1600 Grad standhält. Wie kommt das, wo doch beide aus demselben Material sind? Festkörper müssen Energie aufwenden, um eine klar definierte Oberfläche zu bilden, und genau die steckt in den Oberflächenatomen. Nach den Gesetzen der Thermodynamik sind aber alle physikalischen Gebilde bestrebt, ihre Energie zu minimieren. Führt man nun den Partikeln über die Erwärmung Energie zu, kann das nur gelingen, wenn die Oberfläche aufgelöst wird – der Stoff verflüssigt sich, die Partikel verschmelzen zu einer Lache aus Galliumsulfid. Physiker sprechen hier von einem Phasenübergang: von der festen in die flüssige Phase.

Es gibt noch einen weiteren, nicht so offensichtlichen Phasenübergang, bei dem Nanoteilchen sich von anderen Körnchengrößen unterscheiden. Denn Halbleiter und Metalle können nicht nur

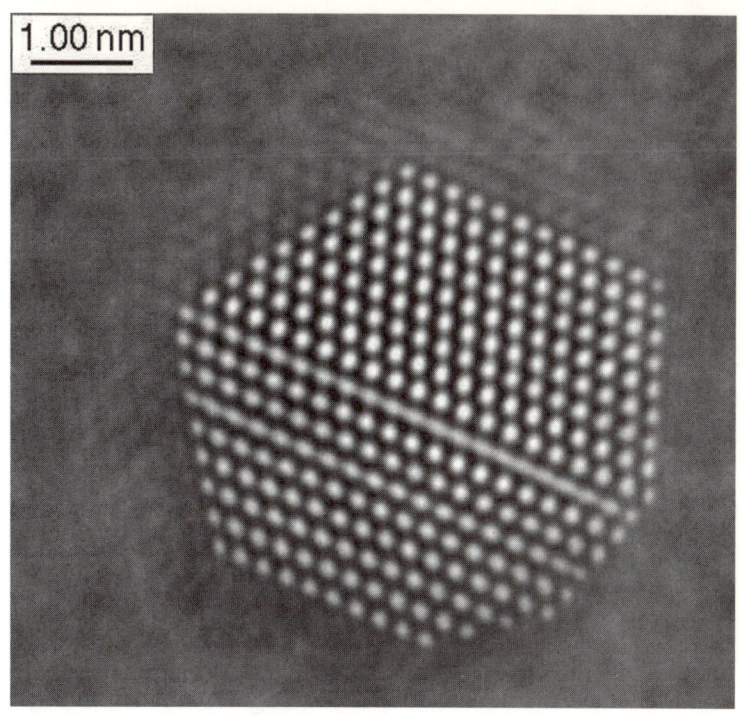

1.00 nm

Ein Nanoteilchen aus Gold: Unter dem Elektronenmikroskop ist die atomare Gitterstruktur des Edelmetalls deutlich erkennbar.

von fest zu flüssig wechseln, sie können auch verschiedene feste Phasen annehmen, in denen sich die räumliche Anordnung ihrer Atome unterscheidet. Erhöht man den Druck der umgebenden Luft, verändert sich diese Kristallstruktur. Die Atome im Innern werden von einer Anordnung, in der sie sechseckige Zwischenräume bilden, auf quadratische zusammengepresst. Das ist wiederum ein Zustand, der weniger Energie enthält. Hier können die Nanoteilchen länger standhalten, denn weil sie vergleichsweise wenige Innenatome haben, spielt dieser Effekt der Energieverringerung im Innern nicht dieselbe Rolle wie in gröberen Körnern.

Nanopartikel lassen sich auf verschiedene Arten herstellen. Entweder werden Körnchen in speziellen Mühlen immer feiner zermahlen, oder man nutzt die «Sputter-Technik». Dabei wird zum Beispiel eine Silberplatte mit Gasionen beschossen. Diese schlagen Silberatome aus der Platte, die sich im Flug zu kleinen Teilchen zusammenballen. Die Teilchen können dann in einer Flüssigkeit aufgefangen werden. Ein anderes Verfahren ist der Sol-Gel-Prozess, den wir in Kapitel 12 kennen lernen werden.

Für industrielle Werkstoffe haben Nanoteilchen ganz handfeste Vorteile. So lässt sich der Feststoffgehalt einer flüssigen Mischung drastisch erhöhen, wenn man etwa Polymere, die langen Kettenmoleküle von Kunststoffen, nicht in eine Lösung bringt, sondern als Partikel von 150 Nanometer Größe im Lösungsmittel verteilt. Dann bekommt man eine Emulsion, die sich noch bei einem Feststoffgehalt von 60 Prozent gießen lässt. In einer herkömmlichen Mischung mit solch einer Menge an Polymeren würde längst der Löffel stecken bleiben.

Quantendimensionen

Doch das ist noch nicht alles. Einen entscheidenden Unterschied machen die Elektronen. In Atomen und Molekülen schwirren sie in Schalen umher, in Festkörpern aber sind sie keinem bestimmten Atom mehr zugeordnet. Sie bewegen sich in Energiebändern, die sich durch den ganzen Festkörper erstrecken. Man kann sich nun vorstellen, dass man in einem Gedankenexperiment einem Molekül immer noch ein Atom hinzufügt. Irgendwann werden dann aus den Schalen Bänder. Die Übergangszone bilden Teilchen zwischen ungefähr 2 und 20 Nanometer Durchmesser, und vor allem bei Halbleitern kommt es dabei zu ungewöhnlichen Erscheinungen.

Nun kommt wieder die Quantenmechanik ins Spiel. Weil das Nanoteilchen so klein ist, spüren die Elektronen hier noch einen ähnlichen Käfigeffekt wie in einem einzelnen Atom oder Molekül.

In diesem bildet das Potenzial der Atomkerne eine Art Energietopf, in dem ein Elektron eingesperrt ist und nur bestimmte Energiewerte annehmen kann, die wir vereinfacht als Schalen bezeichnet haben. Im Nanohalbleiter, der bereits aus Hunderten bis einigen zehntausend Atomen besteht, überlagern sich die Energiezustände der Elektronen zwar schon zu einer Art von Bändern, es gibt aber hierin noch scharf definierte Levels. Das Nanoteilchen verhält sich wie ein riesiges «künstliches» Atom oder Molekül. Es stellt einen so genannten Quantenpunkt dar.

Diese Trennung der Levels ist sehr ausgeprägt. In einem Galliumarsenid-Quantenpunkt von 10 Nanometer Durchmesser liegen sie mit 100 Millielektronenvolt so weit auseinander, dass die normale thermische Energie eines Elektrons bei Zimmertemperatur, rund 26 Millielektronenvolt, nicht ausreicht, Elektronen zwischen diesen Levels hin und her springen zu lassen. Das ist der Grund dafür, dass sich aus diesen Quantenpunkten Laser mit hervorragenden Eigenschaften bauen lassen. Denn Quantenpunktlaser ermöglichen besonders reines Licht bei winzigen Abmessungen. Das macht sie für optische Schalter, ja sogar für Computerkonzepte interessant, die auf Licht statt Strom setzen.

Auch für elektronische Bauteile sind Quantenpunkte viel versprechend. Mit ihnen kann man nämlich den Transport einzelner Elektronen kontrollieren. Weil Quantenpunkte sich wie riesige Moleküle verhalten, kann man ihnen nicht beliebig viele weitere Elektronen hinzufügen. Nach einem einzigen auf demselben Energieniveau ist Schluss. Seine Ladung verhindert, dass ein zweites auf diesem Niveau an Bord springen kann. Diese «Coulomb-Blockade» könnte sich für Ein-Elektron-Schalter ausnutzen lassen.

Die Natur machen lassen

Damit aus einem Nanoteilchen ein Quantenpunkt wird, muss die Oberfläche entsprechend präpariert sein. Denn ihre Beschaffenheit ist es, die auf die Elektronen wie ein energetischer Käfig wirkt. Hier gibt es zwei Möglichkeiten. Entweder schwimmen die Nanoteilchen in einer Flüssigkeit, dann muss die Oberfläche mit einer hauchdünnen Schicht aus organischen Molekülen überzogen werden. Oder sie werden in einen anderen Halbleiter eingebettet, dessen Bandlücke größer ist und so eine Energiebarriere für die Elektronen darstellt. «Wie Rosinen im Kuchen», beschreibt das Dieter Bimberg, Festkörperphysiker an der Technischen Universität Berlin. Zusammen mit dem Physik-Nobelpreisträger Zhores Alferov vom Ioffe-Institut in St. Petersburg gelang ihm 1993 der erste Quantenpunktlaser mit einem solchen «Rosinenkuchen».

Wie aber produziert man diesen? Man will ja nicht nur einen Quantenpunkt haben, den man Atom für Atom mit dem Rastertunnelmikroskop zusammenmontiert, sondern gerade für Laseranwendungen am besten Millionen, ja Milliarden. «Um einen funktionierenden Quantenpunktlaser zu bauen, müssen Sie bis zu 200 Milliarden Nanostrukturen pro Quadratzentimeter erzeugen, und das in kürzester Zeit», sagt Bimberg. «Da ist massive Parallelität erforderlich.»

Das passende Werkzeug ist uns schon bekannt: die Selbstorganisation. Man überlässt der Natur die Arbeit. Dampft man zum Beispiel Indiumarsenid auf einen Galliumarsenid-Untergrund auf, lagern sich zunächst Indiumarsenid-Inseln von der Höhe eines Atoms ab. Folgen weitere Schichten, legen diese sich nicht einfach irgendwie auf die Inseln drauf, sondern bilden dabei abgeschrägte Seiten aus, bis schließlich winzige Pyramiden auf dem Untergrund gewachsen sind. Es sind tatsächlich nanoskopische Versionen der ägyptischen Pyramiden. Der Grund ist ganz einfach: Pyramiden haben eine kleinere Oberfläche als Würfel und damit eine geringere Oberflächenenergie.

Ein Ziel aller Nanopartikel, wie wir ja wissen. Eine Billion Quantenpunkte lassen sich so in kurzer Zeit auf einem Quadratzentimeter erzeugen. Die Größe der Pyramiden bleibt nicht dem

Zufall überlassen, sondern hängt unter anderem von der Temperatur, der Menge des aufgedampften Materials und dem Dampfdruck der Atome ab. Kontrolliert man diese, kann man der Selbstorganisation nachhelfen.

Quantenpunkte sind im Übrigen schon in den dreißiger Jahren benutzt worden. Damals jedoch unwissentlich: In Glasfiltern des Jenaer Glasherstellers Schott befanden sich Zinkselenid-Quantenpunkte, die den Kantenfiltereffekt bewirkten, wie man heute weiß. Ab einer bestimmten Wellenlänge, der «Kante», wird alles Licht absorbiert. Das Produktionsverfahren war ein Firmengeheimnis, sodass der Effekt nicht weiter aufgeklärt werden konnte. Doch inzwischen gibt es erste Firmen, die beginnen, moderne Varianten von Quantenpunkten für unterschiedlichste Anwendungen zu produzieren.

10 Lebensbausteine und Designermoleküle

Als Gerd Binnig merkte, welche Möglichkeiten das Rastertunnelmikroskop bietet, durchfuhr ihn ein beunruhigender Gedanke: «Jetzt bricht ein neues Zeitalter an, das war mir plötzlich klar. Man wird Atome manipulieren können und natürlich auch die DNS. Das erinnerte mich an Frankenstein.» Das war 1981. Die Entschlüsselung des menschlichen Genoms glaubte man damals aber noch in weiter Ferne. Irgendwann im 21. Jahrhundert würde diese Sisyphosarbeit vielleicht abgeschlossen sein. Die Reihenfolge der über drei Milliarden Buchstaben des Genoms herauszufinden erschien als Arbeit für mehrere Forschergenerationen. Als 1990 das Human Genome Project startete, gab man sich als Ziel bereits das Jahr 2003. 50 Jahre nachdem James Watson und Francis Crick aus Versuchsdaten kombiniert hatten, dass die Erbsubstanz allen Lebens in einem schraubenförmigen Molekül gespeichert ist. Als dann der amerikanische Unternehmer und Vietnam-Veteran Craig Venter in das Rennen um die Genomsequenzierung einstieg, zog das Tempo an – in Juni 2000 war es bereits gelaufen. Was für eine ungeheure Leistung dies war, verdeutlicht ein Beispiel, das Venter ein Jahr später auf einer Tagung gab. Er habe zehn Jahre gebraucht, um das Gen, das ein bestimmtes Molekül an der Zellmembran codiert, in seiner Basenfolge zu entschlüsseln. Mit der Technik, die seine Firma Celera Genomics entwickelt habe, würde das nur noch 15 Sekunden dauern.

Längst zerbrechen sich nicht mehr nur Biologen den Kopf über die DNS. Auch die Nanotechniker interessieren sich für eines der ungewöhnlichsten Moleküle im Universum.

Winzige Strickleitern

Die Struktur der Desoxyribonukleinsäure ist eigentlich schon fast eintönig. Sie ähnelt einer ungeheuer langen Strickleiter, deren zwei Stränge zu einer Art Schraube verdreht sind. Die Stränge bestehen aus einer schier endlosen Reihe von abwechselnd Phosphaten und Zuckermolekülen. Die Sprossen der Leiter werden aus Basenpaaren gebildet, die in den Zuckermolekülen «eingehängt» sind. Die Basen berühren sich zwar nicht, werden aber über die schwache Anziehung von Wasserstoffatomen aneinander gehalten. Dabei können entweder Adenin (A) und Thymin (T) oder Guanin (G) und Cytosin (C) zusammen eine Sprosse bilden. Daraus lassen sich vier verschiedene Kombinationen bilden: A-T, T-A, G-C oder C-G. Mehr als drei Milliarden dieser Paare sind im Kern einer jeden Körperzelle von uns verknäuelt. Zieht man sie auseinander, erhält man einen Faden, der nur zwei Nanometer dick, aber bis zu einem Meter lang ist. Übertrüge man dieses Verhältnis von Dicke zu Länge auf ein drei Zentimeter starkes Stahlseil, würde sich dieses hundertmal weiter in den Weltraum erstrecken, als die Entfernung zum Mond beträgt.

Die DNS ist in den letzten Jahren immer wieder pathetisch als «Buch des Lebens» bezeichnet worden. Was ist an diesem Vergleich dran? In Form der Basen A, T, C und G haben wir ein sparsames Alphabet von nur vier Buchstaben. Immer drei Buchstaben bilden ein Wort, das erinnert ein wenig an Chinesisch oder auch Englisch, Sprachen, in denen es sehr viele kurze Wörter gibt. Jedes Wort, Codon genannt, steht für eine Aminosäure. Der Wortschatz des Lebens ist allerdings recht simpel: 20 Wörter genügen der Natur, eine Amöbe, eine Pflanze oder einen Menschen zu beschreiben. Wichtiger sind die Sätze: Das sind die Gene. Sie codieren ein oder mehrere Proteine, die aus Hunderten von Aminosäuren bestehen und die Aktionen in einer Zelle bestreiten. Viele Sätze bilden ein Kapitel – das Chromosom. Und 46 dieser Kapitel bilden das Buch vom Menschen – sein Genom.

Die Nanotechnologen interessieren sich für die DNS wegen ihrer Basenbuchstaben A, T, C und G. Dabei ist ihnen ganz egal, was eine Buchstabenfolge biologisch «bedeutet». Sie wollen die Tatsache ausnutzen, dass sich die Stränge der DNS mit Enzymen trennen lassen, so wie man einen Reißverschluss auseinander zieht. Die einzelnen Stränge kann man, wiederum mit Enzymen, in kurze Stücke schneiden und in ein Reagenzglas geben. Treffen sie dort auf andere kurze Stränge, deren Basenfolge das exakte Gegenstück zu ihrer eigenen ist, schnappen beide zusammen, wie der Bart eines Schlüssels nur in sein Schloss passt. Das kann man nun für Rechenoperationen ausnutzen. Es ist die Grundlage für einen neuartigen DNS-Computer, den wir in Kapitel 13 kennen lernen werden.

Tatsächlich kann man aus dem Schlüssel-Schloss-Effekt aber noch mehr Kapital schlagen. DNS-Stränge lassen sich zum Beispiel mit Kettenmolekülen verbinden, an deren Ende jeweils ein Schwefelatom sitzt. Weil Schwefel und Gold sich sehr leicht binden, kann man auf diese Weise DNS-Stücke an Goldteilchen von wenigen Nanometern Durchmesser befestigen. Baumelt das Ende eines DNS-Stranges über das Kettenmolekül hinaus, kann es sich mit einem Strang mit den entgegengesetzten Basen verbinden. Und schon sind zwei Goldteilchen durch eine kleine DNS-Leiter miteinander verbunden. Mit dieser Methode lassen sich Netzwerke von Nanopartikeln herstellen.

«Als chemisches Baukastensystem wird DNS ein ganz wichtiger Bestandteil für Bottom-up-Nanotechnologien werden», ist sich Nadrian Seeman, Chemiker an der New York University, sicher. Zwar kommt die DNS in der Natur nur als langer Faden vor. Aber mit ein wenig Geschick lassen sich sogar verzweigte, dreidimensionale Gerüste aus kurzen DNS-Strängen bauen. 1991 gelang es Seeman und Kollegen erstmals, sechs Stränge zu einem Würfel anzuordnen. Jeder Strang bildet dabei eine Würfelseite, und entlang einer Kante hat er sich mit dem jeweiligen Nachbarstrang zu einer Doppelschraube verdrillt. Ein anderes Beispiel ist die «Holliday-Junction»: Vier einzelne, L-förmig geknickte Stränge lagern sich zu einem Kreuz aneinander, wenn sich die Knicks in der Mitte treffen. Überragt an den vier Enden jeweils ein Strang sein Gegenüber, kann er sich mit dem passenden «Sticky End» eines anderen Kreuzes verbinden. Auf diese Weise können viele Holliday-Junctions zu einem regelmäßigen Gitter verknüpft werden. Hat man einmal die hierfür nötige Abfolge der Basenpaare aller Stränge ausgeknobelt und hergestellt, erledigt sich der Rest im Reagenzglas von allein. Seeman und andere Forscher versprechen sich hiervon Bauteile für Nanomaschinen oder Raster für das Verlegen von Nanodrähten auf neuen Prozessoren.

Baumaterial Eiweiß

So spektakulär die Sequenzierung des menschlichen Genoms war, so vorläufig war diese Entdeckung doch letztlich. Am 26. Juni 2000 hatten in Washington Bill Clinton, Tony Blair, Craig Venter und Francis Collins, der Leiter des Human Genome Project, die Vollendung verkündet. Einen Tag später druckte die *Frankfurter Allgemeine Zeitung* einen mehrere Seiten langen Text ab, der nur aus den Buchstaben A, T, G und C bestand. Was sollte das bedeuten? Auf den ersten Blick mutete das dadaistisch an. Aber es traf genau das Problem: Auch die Biologen wissen noch nicht, was der Text bedeutet. Man kann das Buch des Lebens noch nicht lesen.

Die Biologen haben sich nun vorgenommen, alle Sätze zu entschlüsseln und damit alle Proteine, deren Gesamtheit man in Anlehnung an das Genom «Proteom» nennt. Wie wir schon in Kapitel 4 sehen konnten, geht in und zwischen den Zellen nichts ohne Proteine. Wann immer eine Zelle agiert oder «reagiert», baut sie in einem Ribosom ein Protein zusammen, dessen Plan zuvor in der DNS ausgelesen wurde. Dieses Protein hilft, Eindringlinge wie Viren zu bekämpfen, oder es transportiert neue Rohstoffe. Das Hämoglobin zum Beispiel bindet Sauerstoff. Kinesinmoleküle wiederum bewegen mit zwei ihrer Enden Teilchen in der Zelle weiter, fast so, wie bei Popkonzerten manchmal Fans von vielen Händen über die Köpfe hinweg Richtung Bühne gereicht werden. Oft sind es aber auch ganze Kaskaden von Proteinen, die gemeinsam eine Aufgabe übernehmen. Das ist ein Grund, warum Proteine auch für Nanoforscher interessant sind. Wenn es ihnen gelänge, diese bis ins Detail zu verstehen und zu manipulieren, könnte man Viren oder Krebszellen besser bekämpfen, hoffen sie – eine der zentralen Visionen der Nanomedizin.

Die Hunderte von Aminosäuren eines Proteins bilden aber nicht einfach nur eine lange Kette. Sie sind zu schrauben- oder fadenförmigen Baugruppen, so genannten Peptiden, angeordnet, die jedem Protein seine charakteristische Gestalt geben. Diese Peptide haben es den Nanotechnikern ebenfalls angetan. Wie mit Legosteinen lassen sich damit riesige Moleküle bauen, die es in der Natur gar nicht gibt.

Anders als beim Lego werden diese aber nicht mit der Hand oder einem Werkzeug zusammengefügt. Man bedient sich auch hier der Selbstorganisation. Das geht so: Viele Exemplare eines Peptids mit einem wasserlöslichen und einem Wasser abweisenden Ende werden in eine Lösung gebracht. Sollen die Wasser abweisenden Köpfe nicht mit dem Nass in Berührung kommen, müssen sich die Peptide zu einer Gruppe verbinden, die diese Köpfe in ihrem Innern «verstecken» kann. Es bildet sich zum Beispiel eine Kugel, in deren Innern die Wasser abweisenden Enden untergebracht sind, während die wasserlöslichen eine schützende Oberfläche bilden. Diese Kugel ließe sich als Behälter für andere Stoffe benutzen. Es ist auch möglich, dass die Peptide einen großen Zylinder bilden, dessen Außenwand aus den wasserlöslichen und dessen Innenwand aus den Wasser abweisenden Enden besteht. Auf diese Weise haben Forscher Röhren von 30 bis 50 Nanometer Durchmesser und einigen Mikrometern Länge hergestellt. Füllt man diese mit Metallatomen und entfernt anschließend die Peptidwand, bleibt ein feiner Draht übrig, der dünner ist als eine Leiterbahn auf den modernsten Computerchips.

Welche geometrische Form am Ende des Selbstorganisationsvorgangs herauskommt, hängt von der konkreten Form der Peptide ab und davon, welche chemischen Eigenschaften die Molekülgruppen an den Enden haben. 1993 gelang es dem Biochemiker Shuguang Zhang zum ersten Mal, solch ein Gebilde zu bauen. Inzwischen haben verschiedene Forschungsgruppen derartige Moleküle erzeugt.

Polymere

Die enorme Vielfalt der organischen Chemie hat neben Fullerenen, Aminosäuren und Peptiden noch mehr zu bieten. Aus kohlenstoffhaltigen Molekülen lassen sich zahlreiche Verbindungen erzeugen, die wir als Kunststoffe kennen. Chloriertes Vinyl wird zu Polyvinylchlorid (PVC) für Schallplatten oder Kabelisolierungen, chloriertes Butadien zu Polychloropren (bekannter als Neopren) für Taucheranzüge, Amide werden zu Polyamidfasern (oder Nylon) für Hemden, in denen man gut schwitzen kann. Das hat natürlich mit Nanotechnik erst einmal nichts zu tun, es sind Produkte der chemischen Industrie des 20. Jahrhunderts.

Doch das Prinzip der Polymerisation, aus einzelnen organischen Molekülen große zusammenzufügen, das ist auch für die Nanotechnik interessant. Es kommt auf die Eigenschaften an, die man den Polymeren mitgibt. Und plötzlich wird aus dem unfeinen, «kulturlosen» Wegwerfmaterial Plastik ein Rohstoff mit ganz neuen Möglichkeiten. Fügt man ihm speziell designte Nanopartikel hinzu, können ganz neuartige Beschichtungen etwa für Gläser, Spiegel oder Autokarosserien dabei entstehen (siehe Kapitel 12).

Mischt man Polyazetylen mit Iod zu einem Salz, ist das Ergebnis ein Kunststoff, der plötzlich Strom leitet und sich für Leuchtdioden oder neue Solarzellen verwenden lässt. Dabei kennt man Plastik eigentlich als Isolator für elektrische Schalter und Kabel. Für diese Entdeckung bekamen die Chemiker Alan Heeger, Alan MacDiarmid und Hideki Shirakawa im Jahr 2000 den Chemie-Nobelpreis. Der Grund ist überraschend einfach. Die Kohlenstoffatome der langen Zickzackkette des Polyazetylens sind abwechselnd einfach oder doppelt miteinander verbunden. Entzieht ein benachbartes Iodmolekül der Kette ein Elektron, ist plötzlich eine Doppelbindung unvollständig. Wenn man dann ein elektrisches Feld anlegt, verbündet sich das herrenlose Elektron mit einem Elektron aus der nächsten Doppelbindung. Diese «klappt» um, wie Chemiker sagen, und hinterlässt ihrerseits ein Loch. Dadurch entsteht ein Dominoeffekt durch die ganze Molekülkette: Alle Doppelbindungen klappen der Reihe nach um. Das bedeutet aber nichts anderes, als dass sich netto ein Elektron durch die Kette geschoben hat. Es ist also Strom geflossen. Solche Klapp-Polymere erreichen teilweise dieselbe Leitfähigkeit wie Kupfer oder Eisen.

11 Nano vs. Makro – ein Werkzeugvergleich

Wer einmal in die Werkstatt eines Dummy-Bauers geht – dort werden lebensgroße Modelle aller nur vorstellbaren Dinge für Filme und Werbespots hergestellt –, wird sich wundern, wie viele verschiedene Werkzeuge es gibt. Von manchen kennt man nicht einmal den Namen. Verglichen damit ist der «Werkzeugkasten» des Nanotechnikers überschaubar. Einige Werkzeuge ähneln zwar ihren Verwandten aus der Makrowelt, aber sie lassen sich nie eins zu eins vergleichen.

Nehmen wir zum Beispiel das Messen. Hier hat der atomare Handwerker die größte Auswahl, was daran liegt, dass die Nanotechnik mit der Erforschung von Oberflächen begonnen hat. Physiker sind immer zuerst am Messen interessiert, Konstruieren ist dagegen etwas für Ingenieure. Im Unterschied zur Makrowelt wird aber kein Maßband angelegt. Abstände lassen sich immer nur indirekt bestimmen, indem aus einem physikalischen Effekt wie dem Tunnelstrom oder der Elektronenstreuung eine Distanz berechnet wird. Dies geschieht mit Hilfe der diversen Mikroskopvarianten, von denen wir einige in Kapitel 5 kennen gelernt haben.

Zum Greifen steht dem Nanohandwerker bislang nur ein einziges richtiges Werkzeug zur Verfügung: das Rastertunnelmikroskop. Anders als eine Zange hat es aber nicht zwei Backen, sondern nur eine Spitze, an der das Atom «kleben» bleibt. Manchmal wird allerdings auch das Kraftmikroskop dazu benutzt, große Moleküle wie Nanotubes zu bewegen.

Wenn es um das Trennen, Schneiden und Zerteilen von Materialien geht, unterscheiden sich Nano- und herkömmliche Werkzeuge deutlich. Ein Gegenstück zu Sägen oder Messern gibt es nicht mehr. Sofern wir es noch mit «größeren» Kristallblöcken zu tun haben, werden Muster mit Elektronen- oder Ionenstrahlen hineingeschnitten oder mit Chemikalien geätzt. In der Sphäre der Atome wird aber nicht mehr geschnitten oder gesägt – hier werden Bindungen geknackt. Auch das lässt sich mit den Rastersonden bewerkstelligen, die im wahrsten Sinne des Wortes das Schweizer Taschenmesser unter den Nanowerkzeugen sind.

Das Verbinden von Teilen mittels Schrauben, Dübeln oder Nägeln kennt kein Nanogegenstück. Wenn etwas zusammengefügt werden muss, geschieht dies über chemische Bindungen. Das können entweder Elektronenwolken sein, aber auch die elektrostatische Anziehungskraft gegensätzlich geladener Atome. Die Tatsache, dass der Zusammenhalt aus dem Baumaterial selbst kommt, entspricht vielleicht entfernt dem Schweißen.

Noch findet Nanotechnik in Laboren statt. Doch das könnte sich in den nächsten Jahren ändern. Günstige Varianten des Rastertunnelmikroskops kosten nicht mehr als ein Webserver im gehobenen Einstiegssegment, etwa zwischen 5000 und 10 000 Euro. Tüftler, für die der Weg das Ziel ist, können sich inzwischen ein Rastertunnelmikroskop selbst bauen. Eine detaillierte Bauanleitung haben Physiker um Harald Fuchs, den Leiter des Center for Nanotechnology in Münster, verfasst, die sie im Web anbieten.* Das Zubehör kostet so viel wie ein Aldi-PC: unter 1000 Euro. Das Teuerste hieran sind die Justierschrauben für den Mikroskoptisch und die Piezokristalle, mit denen die Spitze feingesteuert wird. Die Software und genaue Schaltpläne für die Elektronik bieten die Münsteraner zum kostenlosen Download an. Einzig das Präparieren der Spitze erfordert eine gewisse Vorsicht. Der Wolframdraht wird nämlich in einem Natronlaugenbad durch Ätzen angespitzt.

Wer nach einiger Bastelei das fertige STM im Keller stehen hat, kann damit – fast wie die richtigen Nanoforscher – ins Reich der Moleküle hinabsteigen. Einen makroskopischen Gegenstand daraus zu fertigen wird aber nicht gelingen. Außer dem Prinzip der Selbstorganisation gibt es bisher noch kein funktionierendes Nanowerkzeug, um große Strukturen zusammenzubauen.

* sxm4.uni-muenster.de

Morgen: Die Möglichkeiten

«Nach anderthalb Jahren Vorbereitung hatte er begonnen, nachts an der Genmaschine zu arbeiten. Am Computer konstruierte er Basenstränge, die Codons bildeten und zur Grundlage einer groben DNS-RNS-Protein-Logik wurden.

Die ersten biologischen Stränge hatte er als ringförmige Plasmide in E.-coli-Bakterien injiziert. Die Bakterien hatten die Plasmide aufgenommen und ihre ursprüngliche DNS eingebaut. Dann hatten sie sich vermehrt und neue Plasmide gebildet, die sie als Bio-Logiksystem an andere Zellen weitergaben. In der entscheidenden Phase seiner Arbeit hatte Vergil virale Reverse-Transcriptase benutzt, um die Rückkopplungschleife zwischen RNS und DNS zu richten. Selbst die primitivsten mit dem Bio-Logiksystem ausgestatteten Bakterien hatten Reverse-Transcriptase als ‹Codierer›, Ribosomen als ‹Lesegerät› und RNS als ‹Speicherband›. Mit Hilfe der installierten Rückkopplungsschleife hatten die Zellen ihren eigenen Speicher entwickelt. Damit konnten sie Informationen aus der Umwelt verarbeiten und darauf reagieren. Die eigentliche Überraschung hatte ihn erwartet, als er die veränderten Mikroben testete. Die Rechenkapazität selbst bakterieller DNS war enorm, verglichen mit der von menschlicher Elektronik. Alles, was Vergil noch tun musste, war, dies für seine Zwecke auszunutzen.»

Greg Bear, *Blood Music,* S. 21

12 Stoffe nach Maß

Wenn Nanotechnik mit all den Rastersonden, Nanotubes und Quantenpunkten die Zukunft ist, wann fängt diese Zukunft an? Die Antwort ist: Sie hat schon begonnen. Am Strand, im Badezimmer, in Autofabriken … – die ersten Nanoprodukte sind bereits unter uns. Wenn wir für viel Geld eine neue Sonnenmilch für den Urlaub kaufen, die transparent ist, nicht mehr milchig trüb, dann halten wir Nanotechnik in der Hand. Wenn wir uns in einem teuren neuen Hotel wundern, dass die Kloschüssel nie stinkt, blicken wir vielleicht etwas ungläubig in Nanotechnik. Wenn wir einen neuen Wagen beim Autohändler abholen und uns über die perfekte Lackierung freuen, haben wir diese möglicherweise bereits Nanotechnik zu verdanken.

Gemessen an den immer wieder verkündeten Visionen sind das vielleicht bescheidene Anfänge. Sie versprühen nicht im Geringsten den Hauch von Extravaganz und Science-Fiction, der aus Richard Feynmans oder Eric Drexlers Ideen spricht. Ob es sich bei diesen chemischen Anwendungen der Nanotechnik nur um «nanoskalige Effekte» strukturloser Substanzen handelt, wie die Physiker gerne hervorheben, und nicht um die gezielte Veränderungen von Strukturen mit Nanowerkzeugen, dürfte den meisten Menschen wie ein akademischer Streit vorkommen. Schauen wir lieber, wie heute neue Stoffe designt werden. Dabei werden wir feststellen, dass die einst so scharfen Grenzen zwischen Physik, Chemie, Biologie und Ingenieurskunst längst verschwimmen. Tatsächlich finden wir hier bereits erste Beispiele lupenreiner Nanotechnik.

Die Entdeckung des Stoffdesigns

Im Saarland ist die Nanotechnik im industriellen Maßstab bereits in der Gegenwart angekommen. Es muss eben nicht immer Kalifornien sein. Der grüne Stadtrand von Saarbrücken tut es auch. Hier, auf dem Campus der Universität, befindet sich das Institut für Neue Materialien (INM). Es teilt sich mit dem Deutschen Forschungszentrum für Künstliche Intelligenz einen Bau, dessen Architektur irgendwann einmal nach Zukunft aussah. Blaue und gelbe Türen, eine weiße, halbrund geschwungene Fassade – die Postmoderne lässt grüßen.

Innen entwickeln rund 200 Wissenschaftler und Ingenieure unerhörte Materialien. Das ist das Reich von Helmut Schmidt. Seit der Bayer vor 13 Jahren das INM in Betrieb nahm, hat es sich zum führenden Zentrum für chemische Nanotechnologien entwickelt. Diese gibt es in gewissem Sinne schon seit Milliarden von Jahren. «Die Natur benutzt Dinge, die sie nicht in Lösung bringen kann, in Form von kleinen Partikeln, die sie stabilisiert und in dieser kolloidalen Form in Flüssigkeiten transportiert», sagt Schmidt. «Die Entstehung von Mineralien wie Opal oder Kalzit, das sind lauter Nanopartikel-Technologien der Natur.» Schmidt baut aber nicht einfach Opale nach. Er hatte als junger Chemiker in den siebziger Jahren eine interessante Entdeckung gemacht. «Wenn man die Oberfläche dieser Teilchen mit chemisch aktiven Gruppen gezielt verändert, muss man sich nicht nur auf die natürlichen Eigenschaften der Teilchen verlassen. Man kann sie damit für neue Zwecke nutzbar machen.» Die Erkenntnis war ihm bei der Arbeit mit dem damals schon gut bekannten Sol-Gel-Prozess gekommen.

Dieses Verfahren war in den Dreißigern von Chemikern des Glasherstellers Schott in Jena entdeckt und 1939 zum Patent angemeldet worden. Ausgangspunkt sind so genannte Alkoxide von Metallen wie Silizium, Zirkon oder Titan. Das sind Gebilde, in denen mehrere Alkoholmoleküle jeweils über ein Sauerstoffatom mit dem Metall verbunden sind. Sitzt Silizium in der Mitte, nennt man das ein Silan. Bringt man solch ein Silan mit Wasser zusammen, werden die Alkohole teilweise abgetrennt und durch ein Wassermolekül ersetzt, dem ein Wasserstoffatom fehlt. Das Ergebnis ist ein Silanol, ein reaktionsfreudiges Ding, das sich auch schon mal mit dem einen oder anderen Silanol zu Zweier- oder Dreiergrüppchen zusammentut. Diese Silanole sind bereits wenige Nanometer groß und damit Kolloide. Sie schwirren neben einigen versprengten Alkoholen in der wässrigen Lösung umher. Dieser Zustand wird als Sol bezeichnet.

Erhitzt man das Sol nun oder lässt es austrocknen, verdampft das Wasser allmählich, und die Silanole beginnen sich zu einem dichten Netz zu verketten. Aus dem Sol wird ein zähflüssiges Gel.

«Das Faszinierende des klassischen Sol-Gel-Prozesses war, dass man Kolloide gemacht hat. Kolloide sind nanoskalig, sie streuen kein Licht, und wenn man sie in einer dünnen Schicht auf eine Oberfläche bringt, ist die Schicht transparent. Das hat die Glashersteller damals furchtbar fasziniert», erzählt Helmut Schmidt. Ihn beschäftigte eine andere Idee: Was passiert, wenn man an die Kolloide noch ein organisches Molekül anknüpft? «Die Kolloideigenschaften, die man dabei erhielt, waren oft reine Zufälle.» Bei einer Arbeit zum Beispiel hatte er das Innere eines Fläschchens mit einem Gemisch lackiert, in das im Sol-Gel-Prozess Aminogruppen eingebunden worden waren. Das sind jene Moleküle, aus denen Eiweiße, also Proteine, zusammengesetzt sind. Da das Gemisch Wasser abweisend war, lugten die Aminogruppen an der Oberfläche heraus. «Da hatten wir einen regelrechten Aminogruppenrasen», erinnert sich Schmidt. «Wenn ich in dieses Fläschchen Lackmusbrühe reingegossen und wieder ausgeschüttet habe, dann war das Fläschchen blau. Wir konnten uns das zunächst nicht erklären.» Die Lackmusmoleküle hatten sich mit den Aminogruppen verbunden, sodass das Innere des Fläschchens mit einer festen Farbschicht überzogen war.

Dieser und weitere Zufälle führten Schmidt zum Konzept der «Ormocere», einem Kunstwort für «organisch modifizierte Keramikverbindungen». Als 1990 das INM seinen Betrieb aufnahm, hatte Schmidt endlich den Ort gefunden, an dem er seine Idee konsequent weiterentwickeln konnte. In den folgenden Jahren begannen die ersten Firmen, die mit kleinsten Teilchen hantierten, dies als Nanotechnik zu verkaufen, und Schmidt beschloss, seiner Arbeit einen prägnanten Begriff zu geben: «chemische Nanotechnologie». Denn schließlich waren die Eigenschaften der neuen Stoffe den nanometergroßen Partikeln im Gel zu verdanken. So habe sich das INM auch gleichzeitig klar vom Rest der Nanotechnik abgegrenzt, erklärt Schmidt.

Wundersame Stoffe

Die Materialien, die man mit diesem Verfahren herstellen kann, lesen sich wie die Wunschliste von Putzkolonnen, Hausbesitzern und Autofahrern. Schmutzschlieren, Graffiti, Plakatreste, Kratzer im Lack, all das kann man getrost der Vergangenheit übergeben. Dieses Wunder bewirkt der Einbau von langen Molekülen, an deren Ende das Element Fluor sitzt. Trägt man ein Sol, das derartige Fluorsilane enthält, hauchdünn auf eine Oberfläche auf, ordnen diese sich beim Aushärten im Gel so an, dass die Fluoratome herausschauen. Diese bilden jetzt die neue Oberfläche. Wasser mögen sie nicht, sodass Wassermoleküle versuchen, sich zu dicken Perlen zusammenzuballen. Auf diese Weise können Kalk und andere Bestandteile in Leitungs- oder Regenwasser keinen ausgedehnten Schmutzfilm bilden. Ergebnis ist, dass sich die Oberfläche leichter reinigen lässt.

Das erinnert an den bekannten Lotoseffekt. Manche Pflanzen wie ebender Lotos werden auch vom heftigsten Monsunregen nicht durchnässt. Auf ihren Blättern rollt sich Wasser zu runden Tropfen zusammen wie ein Igel, der sich schützen will. Wenn diese dann auf dem Blatt hinunterkullern, nehmen sie noch Staub und Schmutz mit. Tatsächlich handelt es sich aber um zwei verschiedene Effekte. Während die Wasser abweisende Wirkung einer mit Fluorsilanen versehenen Schicht chemisch ist, beruht der Lotoseffekt auf einem physikalischen Prinzip. Die Oberfläche der Blätter ist nicht etwa extrem glatt, sondern extrem gerunzelt. Die Runzeln sind nur wenige Nanometer groß. Dadurch finden Wassermoleküle zu wenig Kontaktoberfläche, um haften zu bleiben, während die

Oberflächenspannung eines Tropfens die Wassermoleküle zusammenhält. Den Lotoseffekt kann man aber zunichte machen, wenn man Öl oder ein Spülmittel wie Pril in die Runzeln gibt.

Fluor dagegen kann auch mit Öl nichts anfangen. Klebstoffe oder Lacke, die aus Ölen gewonnen werden, verbinden sich nicht mit der Oberfläche. Plakatklebereste oder Graffiti haben hier also keine Chance. In ihrer Ölphobie ähnelt eine solche Schicht dem bekannten Teflon aus den Bratpfannen. Der Vorteil ist jedoch, dass die Schicht im Unterschied zu Teflon durchsichtig ist, weil das Fluor am Ende von Nanoteilchen sitzt. Und im Gegensatz zu Teflon ist sie unglaublich hart: Man kann mit einem Schlüssel darüber kratzen, ohne dass eine Spur übrig bleibt – eine großartige Idee für Autos. Dann wäre es auch egal, ob Passanten im Gedränge der Großstadt mit Einkaufstaschen am Kotflügel entlangstreifen oder Kneipengänger nachts ihr Bier auf der Motorhaube absetzen.

Im Prinzip ist der Antikratzlack so weit ausgereift, dass er von Autoherstellern zum Schluss über die Farbschicht gesprüht werden kann. DaimlerChrysler bietet diesen Schutz seit 2004 an, betont allerdings, dass der Lack bislang nur «relativ» kratzfest sei. Die Qualität, die man am INM erreichen kann, ist wohl noch zu aufwendig aufzutragen und damit zu teuer. Auch andere Autohersteller haben bereits solche Schutzlacke entwickelt.

Aber es geht noch weiter. Metalloxide sind als gute Katalysatoren bekannt. Baut man sie in Form nanometergroßer Teilchen in ein Sol-Gel-Netzwerk ein und beschichtet damit eine gewöhnliche WC-Kachel, verwandelt diese sich auf angenehme Weise. Auf einmal ist sie selbst ein großflächiger Katalysator und kann organische Moleküle, die die Luft auf dem Klo so ungenießbar machen, in harmlosere Bestandteile zerlegen. Diese können wir dann nicht mehr riechen, und weg ist der Gestank – ganz ohne die kaum weniger penetranten Klosteine und Duftspender.

Wie man einen Stoff designt

Wie macht man nun eine neue Substanz? Kann man sie richtig am Reißbrett entwerfen, so wie Architekten ihre Gebäude konzipieren – wobei das Reißbrett heutzutage natürlich der Computer ist?

Ein einheitliches Verfahren gibt es am INM nicht. Bestellt ein Kunde ein Material mit bestimmten Eigenschaften, wird zunächst geschaut, ob es bereits vergleichbare Stoffe gibt. Manchmal genügt eine theoretische Abschätzung, um wie viel Prozent man den Anteil einer chemischen Komponente im Sol-Gel-Prozess verändern muss. Selten wird am Computer die Substanz in einer Simulation durchgerechnet. Mitunter wird aber auch ganz handfest experimentiert. Die Kunst besteht dann darin, die Zahl der nötigen Experimente auf das Minimum zu beschränken. «Angenommen, ich müsste eigentlich 17 Parameter durchscannen, dann müsste ich eigentlich Tausende von Experimenten machen. Also gewichte ich die Parameter, einige schmeiße ich heraus, dann bleiben die drei wichtigsten übrig», erläutert Schmidt den Prozess. «Diese checke ich durch, und wenn sie etwa bei den Eigenschaften liegen, die ich haben will, dann weiß ich, dass ich mit diesen Parametern schon sehr gut liege.»

Solche Parameter sind die Größe der Kolloide, die speziellen organischen Moleküle, die hinzugefügt werden, das Material, aus dem das spätere Netzwerk des Gels bestehen soll, thermodynamische Verschiebungen von Molekülen in dem Netzwerk, die einen gewünschten Effekt erzeugen, oder die Art und Weise, in der das Material am Ende auf die zu beschichtende Oberfläche aufgetragen wird. Damit ist in der Tat eine Feinabstimmung der Eigenschaften der neuen Substanz möglich.

Ein Problem, das Nanopartikel immer wieder verursachen, ist ihr Hang, zusammenzuklumpen. «Um das zu verhindern, muss man die Oberfläche so gestalten, dass die Matrix überhaupt nicht merkt, dass darin etwas herumschwimmt, was anders ist», beschreibt Schmidt die Lösung. Die Matrix besteht zum Beispiel aus den Alkoxiden des Sols. Man gibt dann ein Lösungsmittel dazu, mit dem sich sowohl Matrix als auch Teilchen vertragen. «Verdampft das Lösungsmittel, dann fangen die Burschen an, sich in der Matrix unwohl zu fühlen, sie diffundieren, finden die Oberfläche und entdecken, dass die Luft viel angenehmer ist.» Auf diese Weise bekommt man Nanopartikel dazu, sich an der Oberfläche einer Schicht zu sammeln. «Da haben Sie wieder ein thermodynamisches Organisationsprinzip.» Auch hier ist die in Kapitel 7 vorgestellte Selbstorganisation am Werk, obwohl Schmidt diesen Begriff sehr unglücklich findet. Er zieht es vor, von einem thermodynamisch induzierten «Gradienten» zu sprechen.

Das Verblüffende an der chemischen Nanotechnik ist, dass sie im Prinzip ganz einfach umgesetzt werden kann. Die Laborhallen am INM unterscheiden sich nicht von einem gewöhnlichen Chemielabor. Da gibt es Werkbänke mit Waschbecken und Unmengen Reagenzgläsern und Flaschen in allen Größen. In einem großen gläsernen Bottich durchpflügen monoton zwei rotierende Rührpaddel eine durchsichtige Flüssigkeit. Nur der erste Sol-Gel-Reaktor, der am INM errichtet wurde, sieht etwas komplizierter aus. Es ist ein drei Meter hohes Gewirr aus Glaskolben und Schläuchen, die gebraucht werden, um im Experiment verschiedene Substanzen hinzuzugeben und abzapfen zu können.

Und noch mehr neue Stoffe …

Materialien, die mit Hilfe geschickter Chemie und des Sol-Gel-Prozesses verändert werden, sind nicht die einzigen, die dank Nanoeffekten verblüffende Eigenschaften entfalten. In fast allen Industriebranchen hat eine fieberhafte Suche nach Verbesserungsmöglichkeiten eingesetzt. Beschließen wir dieses Kapitel also mit einem kleinen Streifzug durch die Produktion von Kosmetik, Unterhaltungselektronik, Stahl und Autos. Wir werden einmal mehr sehen, dass Nanotechnik nicht nur «in», sondern zum Teil schon da ist.

Beispielsweise beim Après-Ski auf der Alm im Winter oder am Strand im Sommer. Wer sich bei strahlendem Wetter mit einem transparenten Sonnenschutzmittel einreibt, nutzt bereits eine chemische Nanotechnologie. Partikel aus Titandioxid schlucken hier die gefährliche UV-Strahlung. Weil sie nur um die 50 Nanometer Durchmesser haben, wird das sichtbare Sonnenlicht mit seinen viel längeren Wellenlängen an ihnen nicht mehr gestreut wie noch bei weißer Sonnenmilch. Gleichzeitig haben derartige Teilchen zusammen eine zehnmal größere Oberfläche als mikrometergroßes Titandioxid, sodass die Wirkung viel intensiver ist. Seitdem die japanische Firma Shiseido 1972 erstmals ein Patent zur Verwendung von Titandioxid in Sonnenmilch anmeldete, habe sich dessen Einsatz «so verbessert, dass Nanopartikel heute ein fast nicht ersetzbarer Wirkstoff in Produkten mit Lichtschutzfaktoren größer als 15 geworden sind», wie Heiner Gers-Barlag von der Beiersdorf AG sagt.

Weiter geht es im Wohnzimmer, zum Hausschrein des 20. Jahrhunderts: dem Fernseher. Der koreanische Elektronikkonzern Samsung arbeitet an einem TV-Bildschirm mit Kohlenstoff-Nanotubes. Weil diese bei geringem Energie-Input besonders gut Elektronen aussenden, hat Samsung die Röhrchen zu neuartigen Kathoden verarbeitet. 36 winzige Nanotube-Häufchen feuern in einem Abstand von 1,1 Millimetern Elektronen auf einen Bildpunkt. Dieser besteht aus einem phosphorhaltigen Film, der in den drei Grundfarben Blau, Gelb und Rot angeregt werden kann. Kombiniert ergeben drei Farbpunkte dann ein Monitorpixel. Samsung hat daraus bereits einen 38-Zoll-Bildschirm hergestellt. Das große Problem ist bislang noch, dass das Gerät mit einer Spannung betrieben werden muss, die ein Vielfaches unserer 220 Volt in der Steckdose beträgt.

Stahl, heutzutage eher ein Symbol für das vorletzte Jahrhundert, wird ebenfalls nanotechnisch verfeinert. Forscher der Northwestern University bei Chicago um den Werkstoffkundler Greg Olson haben in 15-jähriger Arbeit herausgefunden, wie man Stahl noch härter als die legendären Samurai-Schwerter macht. Diese haben auf der so genannten Rockwell-C-Skala für Stahl den Härtegrad 60. Damit waren sie allen anderen Klingen überlegen. Die Schmiede, die diese Schwerter bereits vor 500 Jahren herstellten, wussten natürlich noch nichts von Nanowirkungen im Eisen. Tatsächlich hatten sie aber genau solche während des Schmiedens eingebaut. Eisen selbst ist nicht so hart, weil Defekte in der atomaren Struktur durch das Metall wandern können und es damit verformbar machen. Baut man jedoch winzige Eisenkarbidkristalle ein, blockieren sie die Bewegung der Defekte. Dieselbe Wirkung haben, in kleinen Mengen dem Eisen hinzugefügt, Chrom, Kobalt oder Molybdän. Greg Olsons Gruppe kam schließlich zu dem Ergebnis, dass Eisenkarbidkristalle von drei Nanometer Durchmesser und ein Mischungsverhältnis von zwei Dritteln Eisen zu einem Drittel Eisenkarbid die maximale Härte liefert: Rockwell C 69. Inzwischen bietet die aus dem Forschungsteam gegründete Firma QuesTek den «C69-Stahl» als Produkt an.

Auch Autohersteller interessieren sich für stabile Materialien, die zugleich äußerst leicht sein müssen. Autokarosserien der Zukunft könnten aus Kunststoffen bestehen, die mit «Nanoflakes» verstärkt sind. Das sind Plättchen aus Silikaten, die in parallelen Schichten in das Plastik eingearbeitet werden. In Kapitel 4 hatten wir ja bereits gesehen, dass eine solche Struktur dem Muschelgehäuse zu seiner Festigkeit verhilft.

Bereits im Einsatz sind bei einigen Autoherstellern Benzinleitungen, deren Hüllen elektrisch leitende Kohlenstoff-Nanotubes enthalten. Diese sollen wie Blitzableiter elektrische Kriechströme fern halten, aus denen Funken entstehen könnten. Die mehrwandigen Nanotubes werden unter dem Namen «Fibrils» von der Firma Hyperion Catalysis International in Cambridge, Massachusetts, inzwischen tonnenweise produziert. Ihre leitenden Röhrchen erleichtern auch die Lackierung von Plastikteilen im Auto. Mit einem Nanotube-Gehalt von gut vier Prozent lässt sich das Plastik erden. Elektrisch hochaufgeladene Lacktröpfchen haften deshalb nach dem Aufsprühen an der Oberfläche, anstatt zu verlaufen. Die Lackierung wird so viel gleichmäßiger.

13 Neue Rechner für den Datenhunger

E-Mail, E-Business, E-Government, E-Paper, E-Books, E-Tickets ... – die «E-ifizierung» des Lebens hat in den Neunzigern vor nichts Halt gemacht. Alles wird nach und nach von Computern gesteuert und miteinander vernetzt. Selbst der Kühlschrank soll irgendwann mit unserem Handy kommunizieren können, wenn wir im Supermarkt stehen. «Die Milch ist alle», steht dann vielleicht auf dem Display. Schon funkt das Kühlregal mit den Milchprodukten ein Sonderangebot: «Greifen Sie zu! 2 Liter Biomilch heute 50 Cent günstiger.» Für diesen Fortschritt, der unseren Großeltern immer noch absurd vorkommt, gibt es einen Grund: Computerchips werden immer kleiner – und können dabei immer mehr.

Wie ist es dazu gekommen? Das Herzstück des modernen Computers für die Verarbeitung von Informationen ist der Transistor. Das ist eine Art winziger Schalter, der elektrischen Strom weiterfließen lässt oder blockiert. Ein bisschen erinnert er an die altmodischen Schleusen von Mühlteichen: Öffnet man sie, ergießt sich ein Wasserschwall in den Bach und treibt das Mühlrad an. Im Englischen heißen die drei Elektroden des Transistors treffend «Quelle» (Source), «Gatter» (Gate) und «Abfluss» (Drain). Im Deutschen sind die Begriffe leider nicht ganz so anschaulich: Das Gatter wird in der Elektrotechnik «Tor-Kontakt» genannt, der Abfluss «Senke».

An der Quelle kommt der Strom an, und wenn das Gatter den Kanal öffnet, kann der Strom am Abfluss wieder austreten. Nur kommt im Transistor kein winziger Müller angelaufen, um das Gatter zu öffnen. Die Schleuse wird von anderen Schleusen, also anderen Transistoren, gesteuert. Es ist ein unglaublich verschachteltes, aus Millionen winziger elektronischer Schleusen bestehendes System. Die Aufgabe der Chipdesigner ist es, dieses Schaltwerk so anzulegen, dass es in Bruchteilen von Sekunden den Strom durch den Chip jagt und dabei Informationen verarbeitet. Dazu gruppieren sie Transistoren zu so genannten logischen Schaltkreisen, die die Bits miteinander verrechnen.

Das machen sie seit über 30 Jahren unglaublich gut. Seit der amerikanische Hardwarehersteller Intel 1971 seinen ersten Mikroprozessor i4004 auf den Markt brachte, auf dem die Transistoren in einen einzigen Siliziumblock integriert waren, hat die Faustregel von Intel-Mitgründer Gordon Moore Bestand. Danach verdoppelt sich die Zahl der Transistoren auf einem Prozessor gleicher Größe alle 18 Monate. Weil sich das bislang nicht geändert hat, nennt man diese Regel etwas hochtrabend «Moore'sches Gesetz». Finden inzwischen auf den neuen Pentium-4-Chips rund 55 Millionen Transistoren Platz, waren es auf dem i4004 ganze 2300. Damals hatten die Leiterbahnen des i4004 noch 10 000 Nanometer Durchmesser. Heute durchziehen nur 130 Nanometer schmale Drähte den Pentium 4.

Die Miniaturisierung hat einen entscheidenden Grund. Die Softwareindustrie schafft immer komplexere Programme, die nur mit noch stärkeren Prozessoren vernünftig laufen. Weil wir Gefallen daran gefunden haben, Musik und Videos aus dem Internet herunterzuladen – demnächst auch aufs Handy –, müssen die Datenübertragungsraten auf mehrere Megabit pro Sekunde gepusht werden. Dazu kommen immer realistischere 3D-Welten in Spielen oder ausgeklügelte Diktier- und Übersetzungsprogramme. Alles schreit nach mehr Power. Das bedeutet vor allem: mehr Transistoren. Würden diese gleich groß bleiben, müsste der Chip vergrößert werden. Er würde dann teurer, mehr Strom schlucken und deshalb mehr Energie verbrauchen. Vor allem für die immer populäreren tragbaren Rechner eine schlechte Lösung. Verkleinert man dagegen Transistoren und die Leiterbahnen zwischen ihnen, kann man den Chip mit einer niedrigeren Spannung betreiben und so Energie sparen. Für die Computerindustrie könnte das Pingpong immer weiter gehen: Aufschlag Hardware, also leistungsfähigere Chips – Return Software, komplexere Programme.

Rechnen mit Molekülen

Doch es gibt da ein lästiges Problem: Siliziumtransistoren können nicht unendlich verkleinert werden. Dass das Auflösungsvermögen der Photolithographie begrenzt ist und beliebig kleine Leiterbahnen und Transistoren damit nicht herstellbar sind, haben wir bereits in Kapitel 5 gesehen. Der eigentliche Spielverderber ist aber die Isolierschicht zwischen der Gatterelektrode eines Transistors und dem leitenden Siliziumsockel des Chips. Diese Schicht besteht aus dem nicht leitenden Siliziumdioxid und hat gegenwärtig eine Dicke von 20 Siliziumatomen. Schrumpft sie auf fünf Atome, können Elektronen die Isolierschicht durchtunneln – und der Transistor wird unbrauchbar. Die Quantenmechanik meldet sich. Leider kann man die Isolierschicht nicht einfach bei sechs Atomen Dicke belassen, die Elektroden aber beliebig kleiner machen. «Die Theorie der Siliziumtransistoren verlangt, dass alle Bauteile im gleichen Maßstab schrumpfen», hat Paul Packan, Chipentwickler bei Intel, 1999 in einem viel beachteten Artikel im Wissenschaftsmagazin *Science* klargestellt. Das bedeutet, dass – trotz der in Kapitel 5 erwähnten Lithographie mit kurzwelligem UV-Licht oder mit Elektronen – bei 30, 40 Nanometer Leitungsdicke Schluss ist, es sei denn …

Es sei denn, es käme ein Retter. Wir ahnen schon, wer das sein könnte. Richtig, die Nanotechnik. Weil die Computerindustrie ein Milliardengeschäft ist und längst auch alle anderen Industriezweige von ihrem Fortschritt abhängen, ist sie zur treibenden Kraft für die Nanotechnik geworden. Diese eröffnet im Wesentlichen zwei Möglichkeiten: Entweder werden Transistorteile und Schaltkreise mit neuen, nanoskaligen Verfahren und Substanzen hergestellt, oder man baut Prozessoren gleich ganz anders. Schauen wir zunächst, wie man Transistoren und Schaltkreise retten könnte.

Die rettende Idee ist fast genauso alt wie der Intel-Chip und wurde 1974 von Mark Ratner und Ari Aviram entworfen. Es ist die molekulare Elektronik. Wie könnte die funktionieren? Dazu müssen wir noch einmal kurz den Schleuseneffekt in einem heutigen Transistor betrachten. Quellen- und Abflusselektrode bestehen aus «negativ dotiertem», also mit zusätzlichen Elektronen angereichertem Silizium und sind durch eine Schicht aus zunächst nicht leitendem Silizium getrennt. Das wiederum ist positiv dotiert, hat also einige «Löcher», wo eigentlich Elektronen sein könnten. Über der Trennschicht befindet sich nun eine Isolatorschicht aus Siliziumdioxid und darüber die Gatterelektrode. Wird über diese nun eine negative Spannung angelegt, wandern die positiven Löcher in der Trennschicht scharenweise an den Rand unterhalb der Isolatorschicht, um der negativen Gatterelektrode möglichst nahe zu kommen. Plus und Minus ziehen sich ja bekanntlich an. Damit hat sich aber plötzlich zwischen den beiden äußeren Elektroden entlang der Trennschicht ein Kanal voller Löcher gebildet, und in die hopsen nun die Elektronen der Quellelektrode eins nach dem anderen hinein. Milliarden von ihnen wandern zur Abflusselektrode: Der Strom fließt durch den Transistor. Von molekularen Dimensionen ist das noch weit entfernt.

Doch 1998 hat eine Gruppe um den niederländischen Physiker Cees Dekker von der Technischen Universität Delft zum ersten Mal das Tor zur molekularen Elektronik weit aufgestoßen. Die Forscher bugsierten mit Hilfe eines Kraftmikroskops eine Halbleiter-Nanotube, jenes hauchdünne Röhrenmolekül aus Kohlenstoff, zwischen zwei Goldelektroden. An dieser befand sich nun, abgeschirmt durch eine Isolatorschicht, eine Gatterelektrode aus Silizium. Als sie daran eine Spannung anlegten, verwandelte sich die Nanotube plötzlich in genau jenen Verbindungskanal, den im herkömmlichen Transistor das positiv dotierte Silizium darstellt. Dekker und seine Kollegen hatten den ersten echten Prototyp eines Nanotube-Transistors geschaffen. Denn anders als in vorigen Versuchen funktionierte das Ganze nun bei Zimmertemperatur. Seitdem hat Dekkers Team noch mehr aus den Kohlenstoffröhren herausgeholt. 1999 gelang es ihnen, ein Röhrchen in der Mitte zu knicken. Sie stellten fest, dass die eine Hälfte metallisch war, die andere halbleitend. Damit hatten sie eine Nanotube-Diode geschaffen, die wie ein Gleichrichter den Strom nur in einer Richtung durchlässt. Zwei Jahre später konnten sie mit einer doppelt geknickten Röhre sogar einen winzigen logischen Schaltkreis erzeugen, einen so genannten Inverter. Dieser verwandelt ein Bit in sein Gegenteil: Aus einer 1 wird eine 0 und umgekehrt.

Cees Dekker ist dennoch realistisch genug, nicht dem Hype zu verfallen und die baldige Ankunft des Nanotube-Chips zu beschwören. Denn dazu müssten Millionen, ja Milliarden der Röhrchen gleichzeitig positioniert werden – was mit einem Kraftmikroskop in «Handarbeit» nicht zu machen ist. «Man gibt sie in ein Gefäß und lässt dann Self-Assembly die Arbeit machen. Das ist das ultimative Ziel», sagt Dekker. «So könnte man die rund 20 Schritte in der heutigen Chipherstellung auf einen einzigen reduzieren.» Doch so weit sind weder seine noch andere Gruppen, die an Nanotube-Schaltkreisen arbeiten. «Wir reden hier über einen Zeithorizont von zehn Jahren.» Dekker arbeitet nun daran, aus biologischen Molekülen – DNS-Strängen und Peptiden –, an die er Nanotubes montiert, Gerüste zu bauen. Wenn DNS und Peptide ineinander einrasten, könnten sie dabei die Nanotubes automatisch in Position bringen.

Das Rad nicht neu erfinden

Einer, der nach anfänglicher Begeisterung den Kohlenstoffröhrchen den Rücken gekehrt hat, ist der amerikanische Chemiker Charles Lieber von der Harvard University. «Ich war ein bisschen frustriert», sagt er. Stattdessen hat er sich wieder dem Silizium zugewandt, aber: «Nicht alle Siliziumstrukturen sind gleich.» Lieber setzt nun auf Nanodrähte aus dem bewährten Halbleitermaterial. Bei Breiten von nur wenigen Nanometern entfalten diese ganz neue Eigenschaften. Anders als in ausgedehnten Kristallen können Elektronen hier auf einmal mehrere hundert Nanometer durch die Siliziumatome spazieren, bevor sie mit einem weiteren Elektron zusammenstoßen. Das hat zur Folge, dass sich solche «Quantendrähte» viel weniger erwärmen. Die Drähte stellt Liebers Team nicht einzeln her, sondern über ein spezielles chemisches Ablagerungsverfahren gleich in großen Mengen. Anschließend werden sie in eine Lösung gebracht. Komprimiert man das Ganze, reihen die Nanodrähte sich parallel auf. «Wir können den Abstand kontrollieren, von Mikrometern auf bis zu 30 Nanometer.» Die schmalsten Drähte messen gar nur zwei Nanometer Durchmesser. Zum Vergleich: Jede Leiterbahn gegenwärtiger Prozessoren von Intel oder AMD ist allein 130 Nanometer breit.

Anschließend werden auf den Siliziumdrahtbündeln mittels Photolithographie Elektroden aufgebracht. Dabei sei es unerheblich, dass man nicht genau wisse, welche Drähte die Elektroden kreuzen. «Statistisch» kämen genügend Kreuzungspunkte dabei heraus. Aber wie kann man daraus dann Schaltkreise bauen, wenn man die exakte Anordnung gar nicht kennt? «Ich will ja keine Elektronik bauen, die auf Transistoren basiert», sagt Lieber.

Dieser Ansatz wird in der Branche als «Field Programmable Gate Array» bezeichnet. Das sind Prozessoren, bei denen die Anordnung der Schaltkreise nicht ein für alle Mal festgelegt ist wie im Chip cincs PCs. Stattdessen können sie je nach Aufgabe umprogrammiert werden. Am ehesten lässt sich das mit «schaltbaren» Hauptverkehrsadern in manchen Städten vergleichen. Die Sierichstraße in Hamburg beispielsweise ist von morgens bis nachmittags in Richtung Innenstadt Einbahnstraße. Nachmittags um vier wechselt dann die Richtung, und es geht nur stadtauswärts. In anderen Städten wechseln auf solchen Einfallschneisen einzelne Fahrspuren am Morgen oder am Abend die Richtung. Je nach Verkehrslage. In programmierbaren Chips wechseln die Leitungsknoten ihre Funktion – je nach Datenaufkommen. Das hat laut Lieber den Vorteil, dass man sie wahlweise zum Speichern von Information oder zur Programmausführung verwenden könnte. In heutigen PCs sind beide Aufgaben verschiedenen Chips zugeteilt.

Auch Stanley Williams hat keine Lust, «den Transistor neu zu erfinden», wie er sagt. «Es ist einfach das falsche Gerät im Nanometerbereich. Wenn man es maßstabsgetreu immer weiter verkleinert, bekommt man schließlich Kriechströme.» Anders als Charles Lieber will der Mann, der vom Computerhersteller Hewlett Packard angeheuert wurde, um eine ganz neue Rechnerarchitektur zu entwickeln, nicht Schaltkreise in großen Mengen per Self-Assembly zusammenzufügen. Zusammen mit dem Chemiker Jim Heath – 1985 einer der beiden studentischen Mitentdecker im «Buckyball-Team» um Kroto und Smalley – hat Williams' Team eine zunächst fast konventionell anmutende Technologie entwickelt: das «Crossbar Latch».

Dies ist eine Anordnung aus zwei Ebenen von jeweils parallelen Nanodrähten aus Titan und Platin, die im rechten Winkel zueinander verlaufen. An den Kreuzungspunkten berühren sich die Drähte jedoch nicht. Sie werden von «Pfeilern» aus Rotaxanmolekülen auf Abstand gehalten. Es sind diese Pfeiler, in denen nun die Bits gespeichert werden. Rotaxan ist ein längliches organisches Gebilde, auf dem ein Ringmolekül entlanggleiten kann. Je nachdem, ob sich der Ring oben oder unten befindet, ändert sich die Leitfähigkeit des Rotaxans. Der Kreuzungspunkt kann also für

Strom offen oder gesperrt sein: das Äquivalent zu den Bitzuständen 0 und 1. Schalten lassen sich diese Punkte, indem man, vereinfacht gesagt, nur an die Drähte, die sich hier kreuzen, eine exakt berechnete Spannung anlegt. Die anderen Drähte bleiben «stumm» und damit auch ihre Kreuzungspunkte. Auf diese Weise kann das Williams-Team jeden einzelnen Punkt gezielt ansteuern und ein Bit schreiben und wieder auslesen.

In den ersten Prototypen haben die Forscher je acht solcher Drähte miteinander gekreuzt. Mit 40 Nanometer Breite sind sie zwar noch recht breit, aber schon deutlich kleiner als jede Leiterbahn in einem PC-Prozessor. In einem Kreuzungspunkt, der dann immerhin Ausmaße von 40 mal 40 Nanometern hat, finden über tausend Rotaxanmoleküle Platz. Möglich werden diese feinen Drähte durch ein von Heath entwickeltes Nanoimprint-Verfahren. Da sie nur parallel angeordnet werden müssen, entfällt der Aufwand, komplexe Muster wie in der herkömmlichen Photolithographie abbilden zu müssen. Damit lassen sich im Prinzip irgendwann 1000 mal 1000 gekreuzte Drähte herstellen.

1000 mal 1000 macht eine Million Kreuzungspunkte, also rund ein Megabit. Das klingt für ein ganz neues Konzept schon beeindruckend. Doch wie verbindet man diese Drähte mit der Makrowelt? Zuletzt müssen sie doch in mikroskopische Platinen münden, die über die Tastatur mit unseren makroskopischen Fingerspitzen verbunden sind. Es ist das große Problem vieler heutiger Nanoprototypen: Mit Molekülen und Nanopartikeln können die Forscher im Labor schon eine ganze Menge anstellen, aber all das muss am Ende an unsere Welt andocken. Williams, Heath und Philip Kuekes haben das Problem sehr elegant gelöst. Würden sie jeden einzelnen der Drähte mit einer eigenen größeren Leiterbahn ansteuern, müssten sie um ein Gitter mit 1000 mal 1000 Kreuzungspunkten 2000 solcher Bahnen anordnen. Da wäre was los auf der Platine. Es geht aber viel einfacher: 20 genügen.

Wie machen sie das? Sie kreuzen die Nanodrähte außerhalb

des Crossbar Latch auf zwei Seiten mit je zehn großen Bahnen. Zwischen den beiden Bündeln werden in einem Zufallsmuster Goldteilchen ausgestreut. Das hat zur Folge, dass an einigen Überschneidungspunkten Bahn und Nanodraht über ein Goldteilchen verbunden sind, an anderen nicht. Wo genau das der Fall ist, spielt keine Rolle. Durch das Zufallsprinzip entsteht für jeden Draht ein eigenes Muster aus «vergoldeten» Überschneidungen: Das ist seine individuelle Adresse. Diese können die Forscher herausbekommen, indem sie anfangs einmal in allen Drähten und Bahnen den Spannungsverlauf durchmessen. Aus dem Ergebnis errechnen sie die Adresse – und mit nur 20 Leiterbahnen lassen sich die eine Million Bitpunkte im Gitter des Crossbar Latch ansteuern.

Die Technik lässt sich aber nicht nur für die Speicherung von Bits nutzen. Man könne damit auch logische Operationen – wie die bereits erwähnte Invertierung eines Bits – ausführen, betont Williams. Denn schließlich muss in einem Computer ja auch gerechnet werden. In diesem Doppelcharakter ähnelt das Crossbar Latch dem Weg, den Charles Williams eingeschlagen hat. Williams hält das Konzept für so weit fortgeschritten, dass es in die Produktion bei Hewlett-Packard einfließen könnte.

Viren spinnen Drähte

So faszinierend nanoskopisch kleine Computerbauteile aus einzelnen Molekülen oder hauchfeinen Drähten sind: Die Zunft der Nanoforscher ist sich einig, dass sie nur dann eine Bedeutung haben werden, wenn sie zu Milliarden präzise, schnell und kostengünstig zusammengefügt werden können. Cees Dekker versucht dies über die Selbstmontage von DNS-Peptid-Gerüsten zu erreichen, Charles Lieber mittels chemischer Self-Assembly. Angela Belcher vom Massachusetts Institute of Technology setzt auf Viren. Der ungewöhnliche Ansatz der erst 34-jährigen Chemikerin hat zuletzt viel Aufsehen erregt.

Belcher war fasziniert von der Vorstellung, dass die Natur mit Hilfe von Proteinen brüchigen Kalk in harte Muschelschalen verwandeln kann. Und was wäre, wenn man Proteinen statt Kalk Halbleiterkristalle vorsetzen würde? Da gibt es ein Problem, weiß Belcher: «Wie bekommt man eine Wechselwirkung mit Materialien hin, für die die Natur im Laufe der Evolution keine Mechanismen entwickelt hat?» Man hilft der Evolution eben nach. Belcher wandelte hierzu ein Verfahren aus der Pharmaindustrie ab. Sie nahm ein schlauchartiges Virus, das etwa 880 Nanometer lang ist und dessen Hülle aus 2700 Proteinmolekülen besteht. Es handelt sich um einen so genannten Bakteriophagen, also ein Virus, das Bakterien als Wirt braucht. «Nichtinfektiös für Menschen, nichtinfektiös für Säugetiere», versichert Belcher. Dann veränderten sie und ihre Kollegen das Erbgut des Phagen. In das Gen, das für die Entwicklung einiger zusätzlicher Peptide am «Schwanz» zuständig ist, fügten sie beliebige kurze DNS-Stücke ein. Sie führten also eine künstliche Mutation herbei.

Dann wurde die erste Generation der Mutanten auf einen Galliumarsenidkristall gesetzt. Die meisten Mutationen hatten Peptide entwickelt, die chemisch nicht mit dem Halbleiter reagieren, und ließen sich wegwaschen. Die anderen, die sich auf dem Galliumarsenid festgesetzt hatten, wurden hingegen in einer Zellkultur vermehrt, wobei nun natürliche Mutationen auftraten. Mit dieser neuen Generation wiederholten Belcher und ihr Team die Prozedur. Nach mehreren Generationen hatten sie einen Phagen gezüchtet, der eine regelrechte Vorliebe für Galliumarsenid hat. Das war der erste Durchbruch im Jahr 2000.

Später «entwickelte» Belchers Team Viren, die aus Zink und Schwefel Zinksulfid-Nanopartikel wachsen lassen können. Eine andere Genmanipulation brachte die Mikroorganismen dazu, dass ein bestimmtes Protein über die gesamte Länge der Proteinhülle des Phagen gebildet wurde, wie eine Schnur. Das Ergebnis war ein Nanodraht, denn die Halbleiterpartikel hatten sich genau entlang der Proteinschnur angelagert. Inzwischen kann Belcher mit dieser Technik schon recht gezielt verschiedene Strukturen und Materialien angehen. «Wir betrachten das als eine Art Darwin'schen Prozess: Wir suchen solche Viren, die unter Bedingungen überleben, die für uns interessant sind.» Diese künstliche Evolution dauert nur eine Woche.

In den vergangenen Jahren hat sich Angela Belcher damit eine Protein-Bibliothek erarbeitet, die die Phagen zu erstaunlich exakten und vielfältigen Werkzeugen macht. Je nach der molekularen Struktur des gewählten Proteins können sogar Nanodrähte angelagert werden, die reine Einkristalle sind, also eine einheitliche Kristallstruktur über die gesamte Länge haben – eine für die Halbleiterelektronik wichtige Eigenschaft. Weil die Viren bei 350 Grad Celsius entfernt werden, unterhalb des Schmelzpunktes der verwendeten Metalle, werden diese nicht beschädigt. Mit 20 Nanometern ist ihr Durchmesser fünf- bis sechsmal schmaler als der von Leiterbahnen in heutigen Computerchips. Und die Viren können nicht nur Halbleiter, sondern auch magnetische Materialien wie Platin-Kobalt oder Eisen-Kobalt verarbeiten.

Noch steht diese verrückte Synthese aus Biologie und Halbleitertechnik am Anfang. «Vielleicht kann man eines Tages den Flüssigkristallbildschirm eines Laptops von Viren produzieren lassen», mutmaßt Angela Belcher. Aber von einer sich selbst zusammenbauenden Elektronik, ihrer großen Leidenschaft, seien wir noch «ganz weit entfernt».

Ein nanomechanischer Tausendfüßler

Nicht nur bei Transistoren und Schaltkreisen bewegt sich die Computerindustrie auf eine unüberwindbare Grenze zu. Auch die Speicher unserer Information lassen sich nicht beliebig verkleinern. Dabei haben auch sie schon winzige Dimensionen erreicht. Die kleinste Fläche in der Beschichtung einer Festplatte, die ein Bit darstellt, ist derzeit etwa 200 Nanometer lang und 20 Nanometer breit. Diese Fläche wirkt wie ein kleiner Magnet, und der Lesekopf der Festplatte kann feststellen, in welche Richtung das Magnetfeld zeigt, und daraus den Bitzustand 1 oder 0 lesen. Tatsächlich ist das Magnetfeld aber die Summe all der kleinen Felder der Elektronen, welche die Atomkerne in dieser Schicht umhüllen. Erzeugt werden diese von der quantenmechanischen Eigenschaft des Spins, den jedes Elektron hat. Den Spin kann man sich als den Drehsinn eines Kreisels vorstellen. Alle Elektronen in einer Bitfläche drehen in die gleiche Richtung, sodass ihre Achsen parallel zueinander sind. Nur weil ihre Spins alle so schön in Reih und Glied angeordnet sind, wirkt die Bitfläche wie ein Magnet.

«Wenn man die Bits immer kleiner macht, tritt irgendwann der Fall ein, dass die thermische Energie die Ausrichtung der Spins zerstört», sagt Rolf Allenspach, der am IBM-Forschungslabor die nanophysikalische Forschung leitet. Die immer und bei allen Teilchen auftretende Bewegung durch die thermische Energie kann hier nicht mehr unterdrückt werden: Das Magnetfeld einer Bitfläche fängt an zu taumeln wie ein Kreisel, dem man einen kleinen Schub gegeben hat. Es zeigt mal in diese, mal in jene Richtung, und die Fläche wirkt nicht länger wie ein stabiler Magnet. Das Bit geht verloren. Diesen Fall nennt man «superparamagnetisches Limit», weil sich ein Paramagnet ähnlich verhält. Paramagneten sind Materialien, die nur durch den Einfluss eines äußeren Magnetfeldes magnetisch sein können.

Zwar gibt es einige Tricks aus der Festkörperphysik, mit deren Hilfe man das Limit noch hinausschieben kann. Besser ist es, sich schon jetzt nach ganz neuen Speichertechnologien umzuschauen. Das notorisch kreative IBM-Labor in Zürich hat hier ein ungewöhnliches Konzept entwickelt.

Man könnte es für die futuristische Hausfassade aus einem Comic halten: giftgrüne, nach oben in Bögen zulaufende Türen sind in quadratische Felder eingelassen, die sich Reihe für Reihe

Einen neuartigen, mechanischen Speicherchip hat IBM entwickelt: Im «Millipede» werden die Bits von zahlreichen Siliziumhebelspitzen in einen weichen Kunststoffuntergrund gedrückt. Damit können auf einem Quadratzentimeter bis zu 150 Gigabit gespeichert werden.

übereinander türmen. Es ist der Anblick eines radikal neuen Speicherchips im Mikroskop: des «Millipede» von IBM. Anders als die bisher beschriebenen Konzepte setzt der Tausendfüßler nicht auf Magneteffekte, sondern auf Mechanik, um Bits zu speichern. Über 4000 «Füße» hat die neueste Version inzwischen. Jeder von ihnen ist eine Weiterentwicklung des Hebelarmes, wie wir ihn vom Kraftmikroskop kennen (siehe Kapitel 6).

Die atomar feine Spitze hängt aber nicht an einem einzigen Cantilever. Sie sitzt am Scheitelpunkt eines lang gezogenen Bogens, in dem drei Siliziumzungen zusammentreffen. Die äußeren beiden sind dabei leicht nach innen gebogen, während sich die innere in der Mitte wie eine Art Paddel verbreitert.

Das Konzept ist das geistige Kind der IBM-Forscher Peter Vettiger und Gerd Binnig, dem Erfinder des Kraftmikroskops. 4096 Cantilever sind auf einem Quadrat von wenigen Millimetern Seitenlänge in 64 Reihen mit je 64 Hebeln angeordnet. Die Hebel sind so postiert, dass die Spitzen am Ende gerade locker auf einer Kunststofffläche aufliegen. Schickt man nun einen Strompuls in einen Hebel – jeder von ihnen ist einzeln verdrahtet –, heizt ein Widerstand am Ende die Spitze auf. Gleichzeitig wird an das Siliziumsubstrat, das unter dem Kunststofffilm liegt, eine Spannung angelegt, welche die Cantilever elektrostatisch anzieht. Dadurch übt jede Spitze einen Druck von 10 Tonnen pro Quadratzentimeter auf die Kunststoffschicht aus.

Diese erzeugt eine Vertiefung im Kunststoff, wie dies eine Gabelzacke in Butter tun würde. Dieses Loch ist 10 Nanometer tief und 15 Nanometer weit und stellt ein Bit dar. Unglaublich klein, verglichen mit den Bitgrößen auf einer magnetischen Festplatte.

Zum Lesen wird die Spitze über die Oberfläche geführt. Fällt sie plötzlich in ein Loch, klappt der Hebel, durch den wieder Strom geschickt wird, nach unten und nähert sich dem Kunststoff. Weil die Strecke zwischen Hebel und Kunststoff kürzer wird, leitet die Luft dazwischen einen Teil der Wärme ab, die der Stromfluss im Hebel erzeugt. Die Temperatur im Hebel sinkt für Sekundenbruchteile, was sich in einer Änderung des elektrischen Widerstands bemerkbar macht. Diese Änderung kann man messen – sie steht für den Bitwert 1. Will man ein Bit löschen, stanzt man einfach ein Loch direkt daneben, sodass das alte Bitloch zugedrückt wird. Neben das neue Loch wird ein weiteres gestanzt, das wiederum das neue Loch zudrückt, und immer so weiter, bis am Ende der Reihe nur noch ein letztes Loch übrig bleibt. Im Prinzip kann man Löschen und Schreiben sogar gleich miteinander verknüpfen. Man lässt einige der «Löschlöcher» einfach stehen, nämlich diejenigen, die die neuen Bits darstellen.

Das gesamte Millipede-Raster wird von zwei winzigen

Elektromotoren hin- und hergeschoben, wobei jeder Hebel in seiner Zelle von 100 Mikrometer Seitenlänge unaufhörlich Löcher in den Kunststoff drückt. Bislang allerdings lassen sich die Hebel noch nicht einzeln bewegen. Es wird immer der gesamte Chip bewegt. Das Schreiben und Lesen wird von einer Software gesteuert, die den Stromfluss bis zur Spitze regelt. Im Prinzip können hier alle Hebel einzeln angesprochen werden. Allerdings sind nie alle Hebel gleichzeitig aktiv.

Das Ergebnis eines Schreibvorgangs ist eine Art Nanolochkarte. Die Technikentwicklung hat plötzlich einen Purzelbaum geschlagen und ist bei der Methode gelandet, mit der die Computertechnik begonnen hatte. Der wesentliche Unterschied ist die ungeheure Speicherdichte, die mit dem winzigen Abkömmling erreicht werden kann. Die in Abständen von etwa 10 Nanometern zwischen den Rändern angeordneten Löcher ermöglichen rund 150 Gigabit pro Quadratzentimeter. Das kleine Quadrat, das da unter dem Mikroskop liegt, hat also die Speicherkapazität von ein bis zwei DVDs. Es passt locker in eine Flashkarte, eines der Formate, das heute in Digitalkameras als Speicher genutzt wird. Was für eine Vorstellung: Man könnte eine briefmarkengroße Kopie von *Matrix* oder *Herr der Ringe* im Portemonnaie mit sich herumtragen. Im Prinzip kann man auch eine Million solcher Siliziumhebelchen auf einen Chip packen.

Jenseits der Turing-Maschine

Ob Nanotube-Transistor, Crossbar-Prozessor oder Millipede: All diese Technologien arbeiten nach dem Grundkonzept des heutigen Computers, der so genannten Turing-Maschine. Das hatte der exzentrisch-geniale britische Mathematiker Alan Turing 1936 formuliert. Eine solche Maschine besteht aus vier Komponenten: Input, Rechenregeln, Speicher und Output. Eine Berechnung ist hierin immer eine lineare Abfolge verschiedener Zustände, die die

Maschine einnehmen kann. Niemals werden zwei oder mehr Programmschritte gleichzeitig ausgeführt. Die Computerindustrie hat das Problem dadurch gelöst, dass sie all diese Schritte eben in einem atemberaubenden Tempo abfährt. Hunderte Millionen bis einige Milliarden finden in einer Sekunde in einem leistungsstarken PC-Prozessor statt. Superrechner wie der «Earth Simulator» des japanischen Elektronikkonzerns NEC schaffen sogar mehrere Billionen Rechenschritte pro Sekunde.

Wenn aber die Chiptechnik in den nächsten 15 Jahren sowieso von Grund auf überholt werden muss, könnte man dann nicht auch gleich noch das Prinzip der Turing-Maschine durch ein besseres ersetzen? Eins, bei dem viele Rechenschritte zur selben Zeit möglich werden? Genau das versuchen zwei Computerkonzepte, die unsere Vorstellungskraft arg strapazieren: das Rechnen mit Molekülen des Genmaterials DNS oder mit Quantensystemen. Mit beiden lassen sich komplexe Berechnungen in vielen parallel stattfindenden Operationen in atemberaubend kurzer Zeit vornehmen – zumindest in der Theorie.

Beim DNS-Rechner besteht die Kunst darin, das zu lösende Problem in kurzen DNS-Strängen aus den vier Genbuchstaben, den Basen Guanin, Adenin, Cytosin und Thymin, zu codieren. Dabei nutzt man auch hier die Eigenschaft aus, dass sich Adenin nur mit Thymin und Guanin nur mit Cytosin verbindet. An eine Kette ATC könnte sich also nur die Kette TAG anlagern. Der Rechenvorgang besteht nun darin, solche Ketten in einem Reagenzglas zu mischen und reagieren zu lassen. Das Ergebnis liegt dann in Form eines langen Doppelstrangs vor, dessen Basenfolge sich decodieren lässt.

Dass so etwas prinzipiell funktioniert, zeigte der Mathematiker Leonard Adleman 1993. Das von ihm bearbeitete Problem bestand darin, die kürzeste Strecke bei einer Reise durch sieben Städte zu finden, wenn nicht alle Städte direkt miteinander verbunden werden können, sondern nur bestimmte Routen erlaubt sind. Städte und Verbindungen codierte Adleman als DNS-Ketten, die zusammengemischte Doppelkette ergab dann die gewünschte Route.

Eine originelle Variante stellten im August 2003 Milan Stojanovic und Darko Stefanovic vor. Sie hatten einen DNS-Automaten entwickelt, der Tic-Tac-Toe spielen kann, im Deutschen auch als «Käsekästchen» bekannt. Jedes der neun Felder wurde dabei mit speziell präparierten DNS-Strängen codiert. Das Ergebnis war, dass der Automat, der allerdings immer den ersten Zug hatte, nicht zu schlagen war.

Ähnlich undurchschaubar mutet der Quantencomputer an. Ein herkömmlicher Schaltkreis stellt immer nur einen von zwei Informationswerten dar, 0 oder 1. Das ist dann ein Bit. Wie wir in Kapitel 2 am Gedankenexperiment mit Schrödingers Katze verdeutlicht haben, kann ein Quantensystem mehrere Zustände gleichzeitig einnehmen. Jedenfalls solange man nicht nachmisst. Zum Beispiel hat der Spin eines einzelnen Elektrons die Zustände «up» oder «down». Nehmen wir an, dass «up» eine 0 und «down» eine 1 darstellen soll. Solange wir den Spin nicht nachmessen, ist er teilweise «up» und teilweise «down». Das bedeutet aber, dass das Elektron im selben Augenblick die Bitwerte 0 und 1 repräsentiert. Und mit beiden Werten lässt sich im Prinzip auch gleichzeitig rechnen. Diese Überlagerung von zwei klassischen Bits in einem Quantensystem nennt man «Quantenbit» oder kurz Qubit. Ein Qubit stellt also zwei Ziffern dar, mit denen man zur selben Zeit rechnen kann. Koppelt man nun mehrere Quantensysteme zusammen, explodiert die Anzahl der Werte ganz schnell. Zwei gekoppelte Elektronen, also zwei Qubits, repräsentieren 2^2 gleich vier Werte: nämlich die Kombinationen 0-0, 0-1, 1-0 und 1-1. Zehn Qubits bringen es auf 2^{10} gleich 1024. Man braucht also nicht allzu viele Qubits, um eine enorme Zahl von Werten zu erhalten, mit denen Quanteninformatiker dann parallel rechnen können. Das klingt zunächst beeindruckend. Wird das Ergebnis allerdings gelesen, ist die Parallelität dahin. Denn im Moment der Messung «entscheidet» sich jedes Quantensystem für einen der möglichen Zustände. Das ist eines der Gesetze der Quantenmechanik.

«Man muss deshalb beim Auslesen der Information an alle Qubits eine gemeinsame Frage stellen», sagt Anton Zeilinger, Quantenphysiker an der Universität Wien und einer der führenden Köpfe auf dem Gebiet der Quanteninformatik. Das könnte etwa die Suche nach einem Buch in einer Bibliothek sein. In diesem Fall spielt es keine Rolle, dass die restliche Information verloren geht, weil einzig der Standort des Buches zählt. Ein Quantenrechner könnte diese Suche in einem Bruchteil der Zeit durchführen, die ein herkömmlicher Rechner braucht. Das erste Rechenschema für einen solchen Computer stellte 1994 der amerikanische Mathematiker Peter Shor vor. Viele weitere sind bislang nicht dazugekommen. Auch sind die Qubits unglaublich störanfällig. Der Quantenexperte Sandu Popescu von Hewlett-Packard erwartet deshalb, dass die ersten funktionierenden Quantenrechner nur sehr spezielle Rechenaufgaben lösen können. Ob es je mit Qubits arbeitende Computer geben wird, die so viele Rechnungen beherrschen und so zuverlässig arbeiten wie heutige Rechner, wisse niemand, dämpft Popescu überzogene Erwartungen.

14 Künstliche Nasen

Im Vergleich zum Tierreich ist der Mensch mit sehr bescheidenen Sinnesorganen ausgestattet. Vor allem mit unserem Geruchssinn steht es nicht zum Besten: Im Vergleich zu Hunden zum Beispiel sind wir ziemlich taub in der Nase. Was ist riechen überhaupt? Das Einfangen von Molekülen, die in der Luft umherschwirren. Dafür braucht man einen Fänger, der auf bestimmte Moleküle reagiert und daraufhin ein Signal ans Gehirn schickt. 230 Millionen Riechzellen hat ein Hund in der Nase. Damit kann er bereits neun Buttersäuremoleküle pro Quadratmillimeter Riechschleimhaut als Geruch empfinden. Wir mit unseren 10 Millionen Riechzellen bemerken dagegen erst etwas, wenn 2,4 Millionen Buttersäuremoleküle auf einen Quadratmillimeter treffen. Überhaupt können wir nur 2000 verschiedene Gerüche unterscheiden.

Nicht nur haben wir das Problem, winzigste Dosen nicht wahrnehmen zu können. Wir können auch viele Stoffe nicht riechen, deren Entdeckung ganz hilfreich wäre: chemische Verbindungen, die vom Körper bei Erkrankungen freigesetzt und von Tieren durchaus wahrgenommen werden, oder etwa Sprengstoffe in Landminen, die ehemalige Kriegsgebiete quälen. Wir müssen uns deshalb bisher mit chemischen oder physikalischen Tests behelfen, die manchmal unzuverlässig sind oder viel zu lange dauern. Doch wo es um Moleküle geht, kann Nanotechnik nicht weit sein. Und richtig: Fast alle Werkzeuge und Nanobausteine, die wir bereits kennen gelernt haben, lassen sich für den Bau hoch empfindlicher Sensoren nutzen.

Riechende Hebel

Bereits Anfang der neunziger Jahre hatten die Zürcher IBM-Forscher begonnen, die kleinen Hebelchen des Kraftmikroskops, die Cantilever, zu zweckentfremdcn. Indem sie deren Oberseite mit Aluminium beschichteten, hatten sie ein winziges Bimetall erzeugt. Bei Erwärmung, wie sie zum Beispiel bei der Reaktion von Sauerstoff und Wasserstoff zu Wasserdampf auftritt, dehnte sich das Aluminium stärker aus und verbog das Hebelchen. Später entdeckten die Forscher, dass die Anlagerung von Molekülen ebenfalls eine messbare Verbiegung auslösen kann. «Es lag also auf der Hand, Cantilever als Sensoren für eine elektronische Nase zu nehmen», sagt Felice Battiston. Aus der Zusammenarbeit der IBM-Gruppe mit der Universität Basel heraus gründete der Physiker

Die acht Siliziumhebel dieses Nanosensors verbiegen sich, wenn sich z. B. bestimmte Moleküle – wie kurze DNS-Abschnitte oder Proteine – anlagern. Die Technik lässt sich zum Testen von Lebensmitteln ebenso einsetzen wie in der Medizin (siehe Kapitel 15).

2001 mit einigen Kollegen die Firma Concentris, die nun aus dem Laborprototyp ein richtiges Produkt gemacht hat.

«Cantisens» besteht aus Reihen von jeweils acht solcher Siliziumzungen, die 500 Mikrometer lang und einen halben Mikrometer dick sind. Das «nano» steckt hier also nicht in den Abmessungen, sondern in der Reaktion auf einige wenige Moleküle. Neben der schon erwähnten Metallbeschichtung für den Bimetalleffekt lassen sich die Sensorhebel auch mit Polymeren oder Biomolekülen beschichten. Verbinden diese sich mit Molekülen in der Probe, ändert sich ihre charakteristische Schwingung. Damit kann man zum Beispiel Cola- oder Whisky-Marken identifizieren. Dazu werden je zwei Milliliter einer Cola-Sorte mit 80 Milliliter trockenem Stickstoff gemischt und an den Sensoren vorbeigeleitet. Die

Messergebnisse für jede Cola-Marke werden dann in ein so genanntes Neuronales Netz auf einem Computer eingespeist, das daraus ein charakteristisches Muster errechnet. «Welche Moleküle aus der Cola konkret an die Cantilever andocken, interessiert uns hierbei gar nicht», sagt Battiston. Nachdem das Computerprogramm auf Coca-Cola light «trainiert» worden war, konnte es anhand von neuen Messdaten diese von Coca-Cola, Pepsi-Cola und Virgin-Cola unterscheiden. «Wenn man das Neuronale Netz mit Cola trainiert hat, kann man damit aber nicht mehr Whisky untersuchen», so Battiston. Mit diesem Verfahren könnte man also künftig sehr dezidiert und schnell Verkostungen und Lebensmittelkontrollen vornehmen. Um die Hebel nach einem Test zu reinigen, werden sie mit reinem Stickstoffgas gespült.

Der Sensor funktioniert nicht nur an der Luft, sondern auch in Flüssigkeiten. So kann man etwa kurze Gensequenzen in einer Lösung erkennen. In diesem Fall befestigt man verschiedene kurze Einzelstränge einer DNS an der Zunge. An diese können nur Stränge mit der jeweils entgegengesetzten Basenfolge andocken. Weil die daraus entstehenden Doppelstränge mehr Platz brauchen als die einzelnen zuvor, spreizen sie sich voneinander weg und verbiegen dabei den Hebel. Die Beugung signalisiert, dass ein bestimmter Genabschnitt gefunden wurde. Damit spare man sich den Aufwand, die DNS-Stränge mit den heute üblichen biologischen Leuchtmarkern zu versehen, betont Battiston.

Leuchtende Punkte

Dennoch sind Leuchtmarker kein Auslaufmodell. Man kann sie auch verbessern, wie es das Unternehmen Evident Technologies aus dem US-Bundesstaat New York macht. Evident setzt auf Halbleiter-Quantenpunkte, die wir in Kapitel 9 bereits kennen gelernt haben. Gegenüber herkömmlichen fluoreszenten Farbstoffen haben Quantenpunkte einige Vorteile. Jene strahlen Licht einer bestimmten Farbe zurück, wenn man sie zuvor mit einer anderen Wellenlänge angeregt hat. Ein Problem ist aber, dass beispielsweise bei dem Molekül Rhodamin Anregungs- und Ausstrahlungsfrequenz dicht beieinander liegen. Außerdem bleicht es nach einiger Zeit aus und ist dann unbrauchbar. Ein Halbleiter-Nanokristall wird dagegen mit verschiedenen Wellenlängen von blaugrün bis violett angeregt und strahlt daraufhin Licht in einem roten Wellenlängenbereich ab. Je nach Größe, Material und innerer Struktur lassen sich die «Evidots», wie Evident seine Kristalle nennt, auf diverse Leuchtfarben tunen, bis hinein ins für menschliche Augen unsichtbare Infrarot. Ein Ausbleichen tritt auch nach mehreren Stunden noch nicht auf.

Die Evidots lassen sich zudem chemisch anschalten. Diese Eigenschaft hat man für den Prototyp eines Biowaffen-Detektors ausgenutzt. Auf einem Chip wird über ein organisches Molekül ein einzelner DNS-Strang befestigt, an dessen Ende ein Evidot angebracht ist. Der Strang, der aus einem bekannten Erreger wie Anthrax oder Pocken stammt, ist zunächst zu einer Schlaufe gekrümmt. Lagert sich nun sein DNS-Gegenstück an, strafft sich das Ganze und bildet wieder die bekannte verdrehte Strickleiterstruktur der DNS. Dadurch verändert sich die elektronische Struktur von DNS und Quantenpunkt. Dieser beginnt zu fluoreszieren. Da sich die Leuchtfarbe feintunen lässt, ist es im Prinzip möglich, auch Gensequenzen mehrerer Erreger, versehen mit verschiedenfarbigen Evidots, nebeneinander auf dem Chip zu platzieren. Im jetzigen Prototyp muss die Probe allerdings in einer Flüssigkeit auf den Chip gegeben werden. Damit könnte man zwar Pulver aus vermeintlichen Anthrax-Briefen untersuchen, wie sie im September 2001 nach den Anschlägen auf das World Trade Center auftauchten. Sporen in der Luft lassen sich damit noch nicht entdecken. Im Prinzip sollte sich die Technik aber auch auf diesen Fall anwenden lassen, sagt Michael LoCascio, Chefwissenschaftler von Evident.

15 Die totale Gesundheit

Einen Wimpernschlag der Evolution hat der Mensch gebraucht, um die einst bedrohliche Tierwelt in die Schranken zu verweisen. Pflanzenfresser sind gezähmt, Raubtiere ausgerottet oder in Reservate vertrieben, Insekten mit Gift niedergehalten worden. Nur eine Lebensform will sich partout nicht geschlagen geben, und es ist ausgerechnet die älteste auf der Erde: der Einzeller in Gestalt von Bakterien und sein schmarotzender Verwandter, das Virus. Um sie zu bekämpfen, hat man bisher mit Kanonen auf Spatzen geschossen. Giftige Chemikalien oder Strahlenschauer werden uns bis heute durch den Körper gejagt, um in irgendwelchen Winkeln unserer Organe Gebilde von halben bis wenigen Mikrometern Größe abzutöten. Wenn das kein Fall für die Nanotechnik ist. «Using smaller tools, we hunt smaller prey», hat es der Physiker Robert A. Freitas, Autor des eigenwilligen Werkes *Nanomedicine*, schön prägnant formuliert. Mit kleineren Waffen können wir kleinere Beute jagen.

Es ist die große Hoffnung der Nanomedizin: die Geißeln der Menschheit, nicht nur Viren, sondern auch Krebs, Alter und Tod auf der molekularen Ebene endlich besiegen zu können. «Vor über 30 Jahren ist in den USA der ‹Krieg gegen den Krebs› ausgerufen worden», sagt Jim Heath. «Doch die Krebstherapie hat sich seit den Tagen Jimmy Carters als US-Präsident nicht nennenswert geändert.» Jim Heath, der 1985 als Doktorand zu dem Team gehörte, das die Fullerene entdeckte, ist heute selbst Professor für Chemie am Caltech, dem California Institute of Technology in Pasadena. Allenfalls sein ernster Gesichtsausdruck ist professoral. Mit Pferdeschwanz, Turnschuhen und einem bunten Hemd wirkt er jugendlicher als viele seiner Zunftkollegen. Den Kopf nachdenklich gebeugt, geht er unablässig die Bühne eines Konferenzsaals auf und ab, um seine Vision vorzutragen.

Heath ist einer von sieben Wissenschaftlern, die 2003 die Nanosystems Biology Alliance gegründet haben. Ihr Ziel ist, die Prozesse in der Zelle ein für alle Mal so genau zu entschlüsseln, dass ganz neue, unglaublich fein steuerbare Therapien möglich werden. Heute sehen Therapien im Wesentlichen so aus: Man sucht ein Molekül, das sich mit einem Protein der erkrankten Zellen verbinden kann und wasserlöslich ist. Dann wird es in großen Mengen als Medikament in die Blutbahn geschickt, in der Hoffnung, dass ein paar Moleküle am Tumor oder an der Entzündung ankommen, dort an das Zielprotein andocken und so die kranke Zelle unschädlich machen. Diejenigen, die in anderen Organen landen, entfalten dort leider auch eine Wirkung, die bekannte Nebenwirkung, die weiter unten auf dem Beipackzettel eines Medikaments in trockenen Worten beschrieben ist. Heath und seine Mitstreiter wollen mehr: «Wir wollen nicht nur ein einzelnes Protein treffen, sondern die gesamte Aktionskette in der Zelle.» Erst dann sei eine äußerst treffsichere Therapie möglich.

Voraussetzung dafür ist eine «Einzelzelldiagnose», wie Heath es nennt. Indem die Bewegungen von Proteinen und RNA in einer Zelle analysiert werden, soll es möglich sein, zwischen verschiedenen Varianten einer Krankheit ganz exakt unterscheiden zu können. Bei Leukämie zum Beispiel kennt man zwar Varianten, bei denen jeweils verschiedene Arten von weißen Blutkörperchen betroffen sind. Aber Leukämie kann für ein und denselben Zelltypus noch weitere Ausprägungen haben, die man nicht mehr unterscheiden kann. Das hat zur Folge, dass Patienten nicht immer die bestmögliche Behandlung bekommen.

Das Instrument, mit dem Heath sein Ziel erreichen will, ist das «Nanolab». Dies ist ein wenige Quadratmikrometer großer Chip, auf dem sich ein Gitter aus Nanodrähten befindet. Es wird nach demselben Verfahren hergestellt wie der Crossbar-Latch-Prozessor von Hewlett-Packard aus Kapitel 13, an dessen Entwicklung Heath ja ebenfalls beteiligt war. Die nur acht Nanometer schmalen Metallstreifen können mit verschiedenen biologischen Molekülen wie Antikörpern oder RNS-Strängen beschichtet werden. Über dem Gitter befindet sich eine Siliziumschicht mit zahlreichen Öffnungen. Über jeder dieser Poren wiederum wird eine Zelle positioniert. Scheidet diese durch die Zellmembran ein Protein aus, wandert es durch die Pore und verbindet sich mit einem der Biomoleküle am darunter liegenden Gitter. Dadurch ändert sich die Leitfähigkeit des entsprechenden Drahtes, was die Nanolab-Forscher an einem Messgerät ablesen können. Dieses Ereignis signalisiert dann, dass ein gesuchtes Protein gefunden wurde. Das Nanolab gleicht einer Zellfarm, in der viele Zellen auf einmal untersucht werden können: «Wir können auf einem einzigen Chip tausend Zellexperimente machen», sagt Jim Heath zuversichtlich.

Noch gibt es einige Schwierigkeiten, die Zellen zu den Poren zu dirigieren. Irgendwann soll das Nanolab aber so weit ausgereift sein, dass es sich zur Diagnose von ganzen Proteinwirkungsketten einsetzen lässt. Weil dann große Datenmengen anfallen würden, könnte das Ergebnis nicht mehr anhand einzelner Messgrößen ermittelt werden. Die Daten kämen vielmehr in ein Visualisierungssystem. Der Fehler, also die Krankheit, würde über ein Proteinmuster entlarvt, das vom gesunden abweicht.

Eine Vorstufe dieses Konzepts hat der Harvard-Chemiker Charles Lieber, den wir ebenfalls in Kapitel 13 kennen gelernt haben, 2005 vorgestellt. Seiner Gruppe ist es gelungen, auf einer Anordnung von Nanodrähten mit Hilfe von Rezeptormolekülen das Enzym Telomerase, einen so genannten Krebsmarker, nachzuweisen. Es wird von 80 Prozent aller Krebsarten in den Tumorzellen gebildet. «Mit den Nanodrähten kann man ein Tröpfchen Blut in Sekunden auf diverse Krebsmarker untersuchen und erhält augenblicklich ein Ergebnis», sagt Lieber. Die Nachweisempfindlichkeit ist dabei so fein, dass Lieber sogar in Blutproben Telomerase entdecken konnte, die nur zehn Tumorzellen enthalten. Lieber ist überzeugt davon, dass man mit diesem Ansatz die Krebsfrüherkennung bald dramatisch verbessern kann.

Neue Therapien

Krankheiten schneller und sicherer diagnostizieren zu können ist bereits ein großer Gewinn. Doch die Nanomedizin soll größere Wunder vollbringen. Sie soll bislang unheilbare Krankheiten heilen. Krankheiten, die sich in schwer zugänglichen Regionen des Körpers befinden, wie etwa Hirntumore. Hier kommt die bislang beeindruckendste Erfolgsgeschichte aus Berlin, von einem Ärzte- und Forscherteam um Andreas Jordan, der seit den Achtzigern an der Charité, Europas größtem Universitätsklinikum im Stadtteil Mitte, tätig ist.

Damals hatte Jordan bereits nach neuen Therapien für Hirntumore gesucht. Man wusste zwar, dass man Tumore mit Wärme durch elektromagnetische Felder bekämpfen kann. «Das brisante Problem mit konventioneller Technik war, die Felder so zu steuern, dass nur die Tumorzellen aufgeheizt werden», erinnert sich Jordan. Ein Problem, das bis heute eigentlich ungelöst ist. Denn nach wie vor werden bei Krebspatienten neben den kranken auch viele gesunde Zellen von der Erwärmung geschädigt. Dies führt dann oft zu höheren Nebenwirkungen, besonders wenn die Wärmebehandlung mit Bestrahlung und Chemotherapie kombiniert wird. Doch nun hat Jordan wohl die Lösung gefunden. Das kam so.

«Vor 18 Jahren fing ich an, mich im Rahmen eines von der Deutschen Krebshilfe finanzierten Forschungsprojekts mit Eisenoxid-Partikeln in der Wärmetherapie zu beschäftigen.» Seine Idee war: Könnte es nicht gelingen, einen Stoff zu finden, der die Energie eines magnetischen Wechselfelds absorbieren und gezielt ans Tumorgewebe abgeben kann? Jordan probierte Hunderte von verschiedenen Ferriten, also eisenhaltigen Materialien, mahlte sie in einer Kugelmühle, bettete das Pulver in «Phantommaterialien», wie er sagt, ein und setzte es magnetischen Feldern aus – jedoch umsonst. «Das Ergebnis war frustrierend: Man hätte genau ein Gramm Ferrit auf ein Gramm Tumorgewebe gebraucht.» Das war natürlich unsinnig. 1990 habe er dann Eisenoxidnanopartikel in die Hand bekommen. Er setzte das Reagenzglas wieder einmal einem Wechselfeld aus. «Professor John, der damalige Direktor des Instituts für Hochfrequenztechnik an der TU Berlin, stand noch neben mir, und dann machte es ‹Bumm!›», sagt Jordan zum Aha-Erlebnis. «Da war so viel Energie drin, dass das Röhrchen gesprengt wurde. Wir waren alle schwarz gesprenkelt.» Den Grund dafür fand er bald heraus und veröffentlichte ihn drei Jahre später. Er hatte nanoskalige Eisenoxidpartikel benutzt, die sich stärker erwärmen. «Plötzlich brauchte ich nur noch wenige Milligramm dieser Partikel auf ein Gramm Tumorgewebe.» 1997 spritzte er dann erstmals sorgfältig präparierte Eisenoxidteilchen, die er mit einer Hülle aus Zuckermolekülen, so genannten Dextranen, umgeben hatte, im Tierversuch direkt in krankes Gewebe. In Hunderten von Tierversuchen erreichte er eine Rückbildung der Tumore in 44 Prozent der Fälle. Und das, obwohl die Teilchen noch gar nicht speziell für das Tumorgewebe verändert worden waren. Sie breiteten sich nur über den so genannten Thermal-Bystander-Effekt aus.

Der Durchbruch kam in der Zusammenarbeit mit dem umtriebigen Saarbrücker Institut für Neue Materialien (INM). Das hatte superparamagnetische Teilchen entwickelt, die mit Aminosilangruppen beschichtet waren. Daran konnte man nun organische Moleküle verankern, die exakt auf die Tumorzellen zugeschnitten waren. Welche das genau sind, will Jordan, der diese Funktionalisierung mit Patenten geschützt hat, nicht verraten. «Die Nanopartikel werden von Tumorzellen in einer nie da gewesenen Geschwindigkeit zu Hunderttausenden aufgenommen.» Setzt man die Teilchen dann einem magnetischen Wechselfeld aus, beginnen sie zu zappeln und das Zellplasma auf bis zu 70 Grad zu erwärmen. Das führt unter Umständen zum Tod der Zelle oder macht sie empfindlicher für eine begleitende Strahlen- oder Chemotherapie. Die gesunden Zellen, die keine Nanomagneten aufgenommen haben, erwärmen sich hingegen nicht.

Weil die Nanopartikel superparamagnetisch sind, verlieren sie – anders als mikrometergroße Partikel – ihren magnetischen Charakter wieder, wenn das Feld abgeschaltet wird. Es bleibt also kein winziger Magnet im Körper zurück. Die Teilchen würden zunächst in Leber und Milz abgespeichert, blieben über viele Monate dort, ohne irgendwelche negativen Wirkungen zu entfalten, so Jordan. Schließlich werden die Nanoteilchen mit dem toten Gewebe vom Körper entsorgt und zum Teil auch ausgeschieden. Eine Nano-Krebstherapie dauert 60 Minuten und wird zweimal wöchentlich wiederholt. Je nach Krebserkrankung und Therapiekonzept finden bis zu zehn Anwendungen statt. Da die Teilchen direkt in den Tumor injiziert werden, wird nur dieser im Magnetfeld erwärmt, umgebendes gesundes Gewebe bleibt verschont.

Das Know-how über die Tumorzellen, das Jordan inzwischen über seine Firma Magforce Nanotechnologies in Berlin vermarktet, hat er sich in akribischer Forschung erarbeitet. Dazu hat er die Zellen in Kulturen sich vervielfältigen lassen. «Dann kann man die Aufnahme der Nanopartikel in die Tumorzellen detailliert studieren.» Auch in den USA, in Australien und Japan arbeiten Gruppen an diesem neuen Verfahren. «Aber wir waren die Ersten und können heute bereits umfangreiche klinische Erfahrungen und ausgereifte Produkte vorweisen», sagt Jordan stolz.

Nach ersten klinischen Studien seit 2003, in denen Anwendbarkeit und Verträglichkeit bei der Behandlung von bösartigen Hirntumoren, Prostatakarzinomen und verschiedenen anderen Tumorarten untersucht wurden, befindet sich die Therapie nun in der letzten Testphase. Die klinische Zulassung erwartet Jordan für 2007. Eine zweite Generation von Nanopartikeln, die für die Bekämpfung von Tumoren in Lymphknoten und in der Leber maßgeschneidert werden, wird derzeit im Labor entwickelt. Die bisher erzielten Ergebnisse seien auch hier ausgezeichnet, so Jordan.

Die superparamagnetischen Eisenoxidteilchen des INM werden im Übrigen auch schon für Diagnosezwecke eingesetzt. Zusammen mit dem Pharmakonzern Roche haben die Saarbrücker nämlich einen neuen Aidstest entwickelt. Dabei bindet sich das HI-Virus an spezielle Moleküle, die an der Beschichtung der Eisenoxidteilchen verankert wurden. Im Unterschied zu Jordans Hirntumortherapie nutzt man hier aber nicht die Erwärmung der Umgebung infolge des magnetischen Zappelns der Teilchen aus. Man zieht sie mit einem Magneten aus der flüssigen Probe heraus und erreicht so Viruskonzentrationen, die deutlich über denen bisheriger Tests liegen. Roche setzt dieses Verfahren bereits in Forschungslaboren ein, für die alltägliche medizinische Diagnose ist es aber noch nicht verfügbar.

DNS-Entschlüsselung

Nicht nur Viren und Bakterien können dem Menschen das Leben schwer machen. Viele Krankheiten sind auch durch genetische Defekte bedingt. Ein gutes Beispiel ist die Sichelzellanämie, die in Afrika verbreitet ist. Hier unterscheidet sich das kranke vom gesunden Gen in nur drei Basenpaaren. Dieses scheinbar lächerliche Detail führt zu einer Veränderung des Blutfarbstoffs Hämoglobin. Die Folge ist, dass die roten Blutkörperchen die Form einer Sichel annehmen. Dadurch können sie kleinste Gefäße verstopfen, was Herzinfarkte auslöst.

Nicht immer brechen Krankheiten, für die man eine genetische Veranlagung hat, sofort aus. Könnte die Nanotechnik nicht einen Weg finden, um unser Genom direkt beim Arzt von einer Maschine auslesen zu lassen? Dann könnte dieser bereits Präventivmaßnahmen einleiten, bevor die Krankheit ausbricht. Das ist eine Vision, die in der Nanomedizin-Szene immer wieder geäußert wird. Nun wird nicht jeder über diese Aussicht begeistert sein. Schließlich wäre eine vollständige Liste aller defekten Gene des eigenen Körpers womöglich eine Belastung, die einem jede Lebensfreude rauben kann.

Bis dahin ist es allerdings noch ein weiter Weg. «Wir haben die DNS mit dem Rastertunnel- und dem Kraftmikroskop noch nicht unter Kontrolle», sagt Gerd Binnig, der diese beiden wichtigsten Nanowerkzeuge mit erfunden hat. «Die Basen am Backbone, also der Kette aus Zucker- und Phosphatmolekülen, haben wir in einzelnen DNS-Strängen zwar mit dem Kraftmikroskop erkennen können. Aber den Code können wir damit nicht lesen.»

Mit ganz leeren Händen steht die Nanotechnik aber nicht da. «Wir können bestimmte Stellen in der DNS adressieren», sagt Hermann Gaub, einer der weltweit führenden Forscher, wenn es um die Untersuchung biologischer Strukturen mit Rastersonden geht. Der Biophysiker an der Uni München mit dem markanten dunklen Bart trägt seine Forschungsergebnisse mit Energie und einem gewissen Schalk in den Augen vor. Bei Vorträgen wechselt er in ein waschechtes Amerikanisch, das einige Jahre an der Stanford University geprägt haben.

Mit dem Kraftmikroskop hat Gaub bereits kurze DNS-Sequenzen untersucht. Aus den dabei gewonnenen Kraftkurven kann man indirekt auf die Abfolge der Basenpaare schließen. Man bindet hierzu ein kurzes Stück der DNS-«Strickleiter» mit einem der beiden Stränge an einen Kunststoffuntergrund. Den anderen Strang zieht man am oberen Ende mit dem Hebelchen eines Kraftmikroskops in die Höhe. Die Strickleiter verzieht sich, und irgendwann reißen die ersten Sprossen, also die Wasserstoffbrücken zwischen den Basenpaaren. Zuletzt sind beide Stränge wie ein Reißverschluss auseinander gezogen. Die jeweils aufgewendete Kraft und die Länge des DNS-Stückes, die mit jeder gerissenen Sprosse zunimmt, trägt man in einer Kurve auf. Solche Kraftkurven haben häufig ein Sägezahnmuster, weil nach jedem Reißen die gemessene Kraft kurz wieder etwas nachlässt.

Was kann man nun mit diesen Kraftkurven machen? Man vergleicht sie mit theoretischen Kurven, die man mit Hilfe von Simulationsrechnungen für verschiedene Basenpaarfolgen ermittelt hat. Allerdings gibt es da ein Problem. Durch die thermischen Schwingungen des Hebelchens, das bei Zimmertemperatur genutzt wird, ist die gemessene Kraftkurve ein bisschen «verrauscht». Deshalb könne man mit dieser Methode die Struktur eines DNS-Stückes noch nicht auf ein einziges Basenpaar genau bestimmen, sagt Gaub.

Er hat deshalb ein Verfahren entwickelt, das keine absoluten Zahlenwerte für eine Kraftmessung liefert, sondern nur mitteilt, ob sich zwei DNS-Stücke in ein, zwei Basenpaaren unterscheiden. Die Versuchsanordnung kommt sogar ohne Kraftmikroskop aus. Man nimmt zwei unterschiedliche DNS-Strickleitern von 20 Basenpaaren Länge. Die eine wird – wiederum nur an einem Strang – auf einem Kunststoffuntergrund verankert, die andere an einer Glasplatte darüber. Dann verbindet man beide DNS-Stücke in der Mitte mit einem Molekül, das einen Leuchtmarker trägt und reißfester als DNS ist. Dabei wird das Molekül jeweils an dem unverbundenen, zweiten Strang der Strickleiter befestigt. Zieht man nun Kunststoff- und Glasplatte auseinander, reißen irgendwann die Sprossen in einem der beiden DNS-Stücke auseinander. Das Verbindungsstück mit Leuchtmarker bleibt hingegen am intakten DNS-Abschnitt hängen. Genau damit kann man nun feststellen, welche DNS gerissen ist. Man legt die beiden Platten nebeneinander und schaut nach fluoreszierenden Flecken. Sind beide DNS-Stücke identisch gewesen, ist die Wahrscheinlichkeit gleich hoch, dass das obere oder das untere Stück reißt. Beide Platten müssten dann gleich stark leuchten. Unterscheiden sich beide Stücke in einem Basenpaar, wird dasjenige mit dem schwächeren Paar häufiger reißen. Dann leuchtet eine Platte stärker.

Auch wenn man nicht genau weiß, welches Basenpaar anders und ob es A-T, T-A, C-G oder G-C ist – die Tatsache, dass man überhaupt beide DNS-Abschnitte bis auf ein einziges Basenpaar unterscheiden kann, hat für die Medizin eine enorme Bedeutung. Einen solchen winzigen Unterschied in der Basenfolge nennt man im Fachjargon «Single Nucleotide Polymorphism», abgekürzt SNP oder einfach Snip. Etwa drei Millionen Snips sind bekannt, und sie machen die genetischen Unterschiede zwischen den Menschen aus, die ja ansonsten alle dasselbe Genom des Homo sapiens haben. «Die Snips sind die Schlüsselinformationen zu Krankheiten», sagt Hermann Gaub. Man schätzt, dass 3000 bis 4000 Snips für genetische Krankheiten verantwortlich sind.

Gaub macht sich allerdings keine Illusionen über die weit reichenden Folgen von detaillierten Snip-Analysen: «Das wird enormen sozialen Sprengstoff liefern. Damit sollten sich die Politiker mal auseinander setzen!» Ein detailliertes Bild angeborener Defekte könnte Bewerber die Aufnahme in eine Versicherung oder die Einstellung in einem neuen Job kosten. Gaub geht sogar davon aus, dass die Nanobiotechnologie eine schnelle vollständige DNS-Aufschlüsselung «in absehbarer Zeit» ermöglichen wird. Dann würden sogar Albträume wie im Science-Fiction-Film *Gattaca* denkbar, in dem eine brutale Klassengesellschaft aus genetisch «guten» und «niederen» Menschen gezeigt wird.

Zellreparaturen und künstliches Blut

Es gibt einige Forscher, die das als ermutigenden Anfang sehen, aber denen diese Art der Nanomedizin nicht weit genug geht. Eigentlich ist der Mensch doch eine Ansammlung von Fehlern auf zwei Beinen, scheinen sie zu denken. Nach einigen Jahrzehnten kommen diese ja auch alle unerbittlich zum Vorschein. Zellen altern und sterben ab, Organe erkranken und fallen unwiderruflich aus, Arterien verkalken, das Gehirn lässt uns im Stich, wir verblöden womöglich, und zuletzt kommt der Tod. Muss man das hinnehmen? Nein, sagen die Transhumanisten. Das ist eine Bewegung, die die Befreiung des Menschen aus diesem Schicksal darin sieht, dass wir irgendwann in diesem Jahrhundert eine Symbiose mit Maschinen eingehen. Zum Beispiel mit Nanomaschinen, die wie U-Boote durch unsere Adern fahren und defekte Zellen reparieren, ja die vielleicht sogar unseren Hirnzellen auf die Sprünge helfen können. Oder die körpereigene Zellen gleich ganz ersetzen, weil sie viel besser sind.

Das ist die Vision des oben erwähnten Robert A. Freitas, der seit einigen Jahren an dem vierbändigen Werk *Nanomedicine* arbeitet. Zwei Wälzer sind bereits erschienen. Besonders angetan hat es Freitas das menschliche Blut. Diese sechs Liter, die innerhalb mehrerer Minuten einmal komplett durch unseren Körper gepumpt werden, liefern uns zwar Sauerstoff und alarmieren uns, wenn Viren, Bakterien oder Schadstoffe unseren Körper entern. Aber für Zeitgenossen, denen Effizienz alles ist, tun sie das offenbar höchst lausig. Freitas, ein wissenschaftlicher Hansdampf in allen Gassen, der bereits für die NASA tätig war, hat sich etwas anderes ausgedacht: ein «neues vaskuläres System». Weniger hochtrabend könnten wir auch künstliches Blut sagen.

In einem wissenschaftlichen Aufsatz hat Freitas das Nanoblut bereits skizziert. Dass unser echter Lebenssaft eine Wärme mit 100 Watt Leistung abstrahlt, bei maximaler körperlicher Belastung sogar 1600 Watt – auf Lautsprecherboxen bezogen, könnte man damit eine Party wegblasen –, findet er bedenklich. Sein künstliches Blut verzichtet auf weiße und rote Blutkörperchen und operiert stattdessen mit einer halben Billiarde Nanomaschinen (denen wir noch in Kapitel 18 begegnen werden). Ihre maximale Wärmeleistung liegt bei nur 200 Watt. Da kommen wir nicht mehr ins Schwitzen.

Diese halbe Billiarde Blutmaschinchen umfasst unter anderem 150 Billionen «Respirozyten», künstliche rote Blutkörperchen, die den Sauerstoff im Körper transportieren, sowie «Vaskulozyten», die als Reparaturzellen arbeiten. Innerhalb von sechseinhalb Stunden soll das Blut gegen das «neue vaskuläre System» ausgetauscht werden können.

Die Vorteile liegen für Freitas auf der Hand. Sämtliche Parasiten, die die Menschheit seit Jahrtausenden quälen, indem sie sich über das Blut verbreiten, würden ausgeschlossen, argumentiert er. Lymphozyten, also die Zellen der körpereigenen Abwehr, könnten sich schneller und zuverlässiger ausbreiten. Der Sauerstofftransport wäre so effizient, dass uns nie die Puste ausgehen würde. «Eine Respirozyte kann 236-mal mehr Sauerstoff ins Gewebe transportieren als natürliche rote Blutkörperchen, bezogen auf das Volumen», schreibt Freitas. Selbst ein Asthmatiker könnte Reinhold Messners Gipfelbesteigungen ohne Sauerstoffmaske problemlos nachmachen, und Sprints von mehreren hundert Metern Länge wären ein Leichtes.

Ein Liebling der Medien waren in den vergangenen Jahren die «Nano-U-Boote», die Medikamente zielsicher durch die Adern an den gewünschten Ort bringen. Das Einzige, das hiervon als Laborprototyp bereits realisiert wurde, ist eine Art winziger Außenbordmotor. Er wird mit dem Molekül ATP, dem universalen Energieträger aller Zellen, betrieben und versetzt lange Fäden, die so genannten Flagellen, in Rotation. Nach demselben Prinzip bewegen sich auch manche Einzeller fort.

«Die Bedeutung solcher Biomotoren für die Nanomedizin wird überbewertet», sagt allerdings Andreas Jordan, der sich seit Jahren mit diesen neuen Konzepten beschäftigt. «Solche Entwicklungen sind nicht zu Ende gedacht worden.» Etwaige Nano-U-Boote würden, wie jeder andere Fremdkörper auch, das Immunsystem alarmieren. «Ich bin sicher, dass sofort ein paar tausend Proteine solch einen Motor lahm legen würden.» Angenommen, die Fähre würde doch ans Ziel gelangen, stünde sie vor dem nächsten Problem. «Sie wüsste ja an der Tumorzelle noch nicht, welchen chemischen Schalter sie dort deaktivieren soll», so Jordan, «sonst hätte man das ja schon auf anderem Wege geschafft.» Denn die Bekämpfung mancher Krankheiten ist nicht in erster Linie ein Problem des Medikamententransports. Sie leidet vielmehr darunter, dass man noch kein Gegenmittel, also kein

«Gegenmolekül», gefunden hat. Eine Nanomaschinen-Medizin, von der Freitas und andere träumen, hält Jordan für unrealistisch: «An der Molekularbiologie führt kein Weg vorbei.»

16 Energie satt!

Die größte direkte Energiequelle unseres Planeten ist die Sonne. Die älteren Formen des irdischen Lebens, Bakterien und Pflanzen, haben sich daran perfekt angepasst: Die Photosynthese erlaubt ihnen, das Sonnenlicht aufzufangen und selbständig in chemische Energie umzuwandeln. Die Menschen lassen sich zwar gerne die Sonne auf den Bauch scheinen, aber außer einem wohligen Gefühl und einem gelegentlichen Sonnenbrand bringt ihnen die Sonnenenergie leider nichts. Sie nutzen sie bis heute fast ausschließlich indirekt, indem sie Tiere und Pflanzen essen oder ihre fossilen Reste in Form von Kohle, Erdöl oder Erdgas verfeuern.

Die Erfindung der Solarzelle auf Siliziumbasis im Jahre 1954 hat zwar die Hoffnung genährt, dass wir es eines Tages den Pflanzen gleichtun könnten. Aber ihre Produktion ist noch immer aufwendig. Verglichen mit ihrem natürlichen Vorbild, der Photosynthese, ist ihre elektrische Energieausbeute außerdem unzuverlässig und ineffizient. Auch der Chemiker Michael Grätzel und seine Kollegen an der Eidgenössischen Technischen Hochschule Lausanne träumten vor etwa 20 Jahren von der Verwirklichung der künstlichen Photosynthese.

Nanosolarzellen

Grätzel arbeitete damals mit Titandioxid (TiO_2), jenem Halbleiter, der in Form feiner Körnchen in Sonnencremes die UV-Strahlen auffängt. So fein, wie man es damals mahlen konnte, ergibt TiO_2

eine milchige Lösung. Eben genau die Farbe, die wir vom Strand kennen, wenn wir uns mit Sonnen-«Milch» eincremen. «Wir waren die erste Gruppe, die so kleine Titandioxidteilchen herstellen konnte, dass es eine durchsichtige Lösung ergab», sagt Grätzel. Später lagerten sie an der Oberfläche dieser TiO_2-Kolloide Farbstoffmoleküle an und regten sie anschließend mit Laserlicht an. Sie wollten wissen, wie Elektronen aus den angeregten Farbstoffmolekülen in die Titandioxidpartikel übertragen wurden. Ein Mitarbeiter Grätzels berichtete dann verwundert, dass die Elektronen viel langsamer als erwartet aus dem Gemisch heraustraten. «Da hat es schon ein bisschen geklickt», sagt Grätzel. Denn offensichtlich hatte das Licht in dem Kolloid eine Ladungstrennung erzeugt – ein Effekt, der sich noch als bedeutsam herausstellen wird.

Grätzel arbeitete weiter an der künstlichen Photosynthese. Er beauftragte eine wissenschaftliche Mitarbeiterin, einen Ruthenium-Farbstoff mit einer so genannten Estergruppe (einer schwefelhaltigen Molekülgruppe) zu bauen und diese mit dem TiO_2-Kolloid zu mischen. Und auch die Mitarbeiterin kam verwundert auf ihn zu: «Herr Professor, das gibt so einen roten Niederschlag.» Da klickte es wieder ein bisschen. Grätzel bat nun seinen Doktoranden Hans Desilvestro, den Farbstoff auf ein Titanblech aufzutragen und den Stromfluss infolge der Ladungstrennung zu messen. «Da kamen ein paar Mikroampere heraus. Klingt nicht besonders, aber das war viel, verglichen mit dem, was andere Gruppen gemessen hatten», schildert Grätzel seine erneute Überraschung. Als er es dann mit einem Kollegen auf einem raueren Titanblech probierte, bekamen sie schon einige Milliampere – das Tausendfache also. Doch wie es oft ist in der Wissenschaft: «Das hat uns keiner geglaubt.» Erst als er den Versuch mit dem rauen Titanblech live vorführte, wich die Skepsis. Das Konzept der «Grätzel-Zelle» war geboren.

Die sieht in ihrer heutigen Form wie folgt aus: Auf der einen Seite der Zelle befindet sich eine gläserne Elektrode, durch die das

Sonnenlicht ins Innere gelangt. Dort befindet sich ein dichtes Netz aus TiO_2-Nanopartikeln, an deren Oberfläche Farbstoffmoleküle haften. Die Zwischenräume des Netzes sind mit einem Elektrolyten gefüllt. Trifft ein Photon – also ein Lichtteilchen – auf ein Farbstoffmolekül, regt es dieses an. Die Energie wird nach nur einer billiardstel Sekunde chemisch an das TiO_2-Teilchen weitergegeben und hebt dort ein Elektron in das Leitungsband. Denn TiO_2 ist ein Halbleiter, das heißt, es ist nicht von selbst leitend, sondern erst dann, wenn Elektronen vom unteren Energiebereich, dem Valenzband, in den leitenden angehoben werden. All die Leitungselektronen, die so entstehen, beginnen nun, durch das TiO_2-Netz zu taumeln wie Betrunkene. Zunächst ganz ziellos, denn es gibt ja kein elektrisches Feld, an dem sie sich orientieren könnten. Doch nach kurzer Zeit kristallisiert sich dann doch eine Richtung heraus, nämlich hin zur Glaselektrode. Die positiv geladenen «Löcher», die die Elektronen im Farbstoff hinterlassen haben, werden von Elektronen aus dem sie umgebenden Elektrolyten gefüllt, der nun selbst löchrig wird. Und ganz analog zu den immer zielstrebiger taumelnden Elektronen sammeln sich die Löcher allmählich an der entgegengesetzten Elektrode. Das Ergebnis: Beide Elektroden sind nun geladen, und verbindet man sie mit einem Draht, bewegen sich die Elektronen auf die Seite mit den positiv geladenen Löchern, um sie aufzufüllen – Strom fließt.

«Der entscheidende Unterschied zu herkömmlichen Solarzellen aus Halbleitern ist: Lichtabsorption und Ladungstransport sind getrennt. Das Licht wird durch empfindliche Moleküle – ähnlich Chlorophyll in der Photosynthese – absorbiert», erklärt Grätzel das Prinzip seiner Zelle. Der Ladungstransport erfolgt dagegen im Leitungsband der TiO_2-Nanoteilchen. «Dazu brauchen wir kein dotiertes Material», sagt Grätzel, «die Halbleiter in herkömmlichen Solarzellen müssen dagegen als sehr reine Feststoffe vorliegen und gleichzeitig Licht absorbieren, die dabei erzeugten positiven und negativen Ladungen trennen und zum Stromkollektor transportieren.» Dotiert bedeutet, dass man den Halbleiter – meist Silizium, aber auch Galliumarsenid – gezielt mit Atomen anderer Elemente verunreinigt, um einen Überschuss an Elektronen oder Löchern zu haben, die den Ladungstransport durchführen.

Der Transport der Löcher in der Grätzel-Zelle wird hingegen vom Elektrolyten bewerkstelligt. Dazu kommt, dass die Elektronen im TiO_2 eine tausendfach längere Lebensdauer als in einer herkömmlichen Solarzelle haben, bevor sie in ein Loch zurückfallen. Ein weiterer Vorteil: Der Farbstoff kann das gesamte Spektrum sichtbaren Lichts absorbieren und ist sehr robust. Denn: «Ein Farbstoffmolekül ist im Laufe von zwanzig Jahren insgesamt nicht länger als eine Millisekunde angeregt. Ohne die Nanopartikel hätte das Ganze aber nicht funktioniert.»

Der Wirkungsgrad der Grätzel-Zellen liegt derzeit bei der Hälfte des Wertes herkömmlicher Solarzellen, bei 10 Prozent. «Deren Wirkungsgrad wird aber unter Standardbedingungen gemessen, die wenig realistisch sind, also bei 25 Grad Celsius», betont Grätzel. Der maximale Wirkungsgrad heutiger Solarzellen werde in Tests nur mit frontalen Lichtblitzen erreicht und berücksichtige weder Bewölkung noch den Einfallswinkel des Lichts. Wie das japanische Wirtschaftsmagazin *Nikkei* berichtete, hätten Außenversuche von Aisin-Seiki Toyota über ein halbes Jahr ergeben, dass die rötlich schimmernden Grätzel-Zellen mehr Energie hereinholen als Siliziumzellen. Inzwischen haben einige Firmen die Technik lizenziert. In Australien hat die Firma Sustainable Technology International begonnen, sie zu vermarkten. Das US-Unternehmen Konarka Technologies hat ein Verfahren entwickelt, mit dem Grätzel-Zellen auf flexible Plastikbänder aufgebracht werden können, und 2004 die erste Fertigungsanlage in Betrieb genommen.

Die Grätzel-Zellen sind aber nicht das einzige Konzept für Nanosolarzellen. An der Reichsuniversität Groningen zapft man die Sonnenenergie mit leitenden Polymeren, also mit Kunststoffen, an. Die Gruppe um Kees Hummelen baut in die Licht sammelnde

Schicht auch Buckyballs ein. Sie nehmen die durch die Photonen in Bewegung gesetzten Elektronen auf, sodass ein Stromtransport möglich wird. Zwar sind die Groninger Zellen mit 200 Nanometer Schichtdicke unglaublich flach – Grätzel-Zellen kommen immerhin auf 10 bis 20 Mikrometer Dicke –, aber die Materialentwicklung ist noch nicht abgeschlossen. Das Ziel der Groninger ist, einen Lichtsammler zu finden, der Photonen noch effizienter als heutige Solarzellen und Grätzel-Zellen in Strom umwandelt. «Im Moment sind Grätzel-Zellen besser als unsere Zellen», räumt Kees Hummelen ein. «Aber ich glaube, dass die Plastikzellen am Ende das Rennen machen werden.» Ihr Vorteil sei, dass sie nicht elektrochemisch, also mit einem Elektrolyten, arbeiten, sondern aus einem Festkörper bestehen.

Nanopartikel machen sauber

Der Halbleiter Titandioxid kann aber noch mehr, als in Grätzel-Zellen Elektronen zu produzieren oder in Sonnencremes UV-Licht zu absorbieren. Zu feinen Partikeln von 5 bis 30 Nanometer Durchmesser zermahlen, wirkt er auch als so genannter Photokatalysator. Wenn die UV-Photonen das Titandioxid anregen, entstehen bewegliche Elektronen, die chemische Reaktionen befördern können. Titandioxid ist dadurch in der Lage, verschiedenste anorganische und organische Moleküle zu zerlegen. Es funktioniert also wie ein kleines Klärwerk. «Man braucht nur Sonnenlicht und Wasser, keine Chemikalien», sagt Kazuhito Hashimoto, Chemiker an der Universität Tokio, der seit Ende der achtziger Jahre die Photokatalyse erforscht. Ursprünglich hatte er sich damit beschäftigt, wie man Wasserstoff aus Wasser gewinnt, und war dabei auf die Wirkung des Titandioxids gestoßen.

Die kann man nutzen, indem man poröse keramische Filter mit Titandioxid-Nanopartikeln beschichtet und mit UV-Licht von 380 Nanometer Wellenlänge bestrahlt. Die Photokatalyse findet dabei an einer Oberfläche statt, ist also ein zweidimensionaler Prozess. Deswegen genügt es nicht, eine zu reinigende Flüssigkeit in einen Behälter zu geben, dessen Boden mit dem Filtermaterial bedeckt ist. Außerdem kommt es auf die Intensität der Lichtquelle an. Hashimoto nennt als Beispiel das Zersetzen von einem Mol Trichlorethylen. Nimmt man als Gefäß einen Würfel von 10 Zentimeter Kantenlänge, was einem Liter entspricht, und als Quelle der UV-Strahlung Sonnenlicht, dauert es sechs Jahre, bis das Trichlorethylen zersetzt ist. Bestrahlt man den Behälter mit einer Quecksilberlampe, benötigt man immer noch 100 Tage. Das ist nicht sehr effizient.

Stattdessen platzierte Hashimoto den Filter auf dem Boden einer Wanne von einem Quadratmeter Grundfläche. Gibt man hier einen Liter des Trichlorethylens hinein, bedeckt es den Filter mit einer Schicht von einem Millimeter Dicke. Jetzt entfaltet das photokatalytische Titandioxid seine volle Wirkung. Und siehe da: 20 Tage Sonnenschein genügen, um einen Liter Trichlorethylen zu zersetzen.

Das brachte Hashimoto vor vier Jahren auf einen neuen Gedanken. «Landwirtschaft funktioniert mit Sonnenenergie. Warum können wir dann nicht ihre Abfallprodukte mit Sonnenenergie aufbereiten?» Hashimoto begann mit dem Abwasser eines Tomatengewächshauses zu experimentieren, in dem sich Keime, organische Pestizide, aber auch Nitrate, Phosphate und andere Ionen befinden. Kippt man sie einfach in die Landschaft, können sie den Boden verunreinigen oder auch ungewollt düngen. Will man das Abwasser neutralisieren, muss man die Verbindungen also irgendwie aufspalten. Das Abwasser wurde deshalb in eine Filterwanne von vier Quadratmeter Grundfläche geleitet. «Dann haben wir einfach gewartet. Nach einigen Stunden wurde das Abwasser klarer.» Nach sechs Stunden war es komplett gereinigt. Die organischen Anteile werden als Kohlendioxid an die Luft abgegeben, während die Nährstoffe (Phosphate) durch die beweglichen

Elektronen des Titandioxids zu unschädlichen Varianten oxidiert werden. Hashimoto ist zufrieden: «Sie brauchen keine zusätzliche Energie.»

Seine Forschungsgruppe hat das Prinzip der Photokatalyse inzwischen auch auf chemikalienhaltige Abwässer aus dem Reisanbau angewandt. 500 000 Tonnen fallen davon pro Jahr allein in Japan an. Mit TiO_2-beschichteten Glasfasermatten konnten sie in Versuchsanordnungen den Gehalt an organischen Resten auf sechs Prozent senken. «Umweltprobleme entstehen im Wesentlichen deshalb, weil wir keine natürlichen Kreisläufe benutzen», sagt Hashimoto. Mit seinen Photokatalysatoren will er eine solche Lücke in einem Kreislauf schließen.

Auch das Saarbrücker Institut für Neue Materialien (INM) stellt Nanopartikel her, die der Umwelt nützen können. Ähnlich wie der Aidstest, den das INM zusammen mit dem Pharmakonzern Roche entwickelt hat, nutzt ein neues Verfahren zur Schwermetallbeseitigung superparamagnetische Nanopartikel. Superparamagnetisch bedeutet, dass die Teilchen nur in Gegenwart eines Magnetfeldes magnetisiert werden. Dann ziehen sie die Schwermetalle an und können mit einem Magneten aus der Lösung gezogen werden. Die Abscheidung der Schwermetalle ist dann ein Leichtes: Sobald sie außerhalb des Magnetfeldes sind, verlieren die Nanoteilchen ihren magnetischen Charakter wieder. Mikrometergroße Partikel hingegen würden ihre Magnetisierung behalten und könnten nicht noch einmal verwendet werden.

Normalerweise würden sich die Nanopartikel aber kaum aus der Flüssigkeit ziehen lassen, weil sie aufgrund ihrer thermischen Energie so zappeln, dass keine zielstrebige Bewegung zum Magneten hin möglich ist. Indem die INM-Forscher die Teilchen in kleine, mikrometergroße Glaskugeln einbetteten, schafften sie einen Verbund, der den Nanomagnetismus beibehält, aber nicht mehr das thermische Zappeln an den Tag legt. Eine irische Firma hat das System bereits getestet. Ein Gramm der superparamagnetischen Teilchen pro Liter Abwasser genügt, um 100 Gramm Schwermetalle herauszuziehen. Bedarf für die Technologie ist da: Allein in Deutschland fallen jedes Jahr 150 000 Tonnen schwermetallhaltige Abfälle an.

Winzige Wasserstofftanks

Die zweite große Hoffnung für die Energieversorgung des 21. Jahrhunderts ruht auf Wasserstoff als Energieträger. «Verbrennt» man Wasserstoff, also lässt man ihn mit Sauerstoff reagieren, kommt ganz schlichtes Wasser heraus, genauer gesagt Wasserdampf. Er hinterlässt keine giftigen Abgase. Dafür produziert er eine Menge Energie. In einem Kilogramm Wasserstoff steckt dreimal so viel nutzbare Energie wie in einem Kilogramm Benzin. Die Verbrennung ist entsprechend heftig. Und laut, wie die Knallgasreaktion zeigt, die jeder einmal im Chemieunterricht in der Schule erlebt hat. Aber man kann die Energie des Wasserstoffs auch sanft nutzen: in Brennstoffzellen.

Diese besteht aus drei Kammern. In die erste leitet man reinen Wasserstoff ein, dessen Atome an einer Elektrode in Elektronen und Protonen aufgespalten werden. Die Protonen können die zweite Kammer, die mit einem Elektrolyten gefüllt ist, passieren, die Elektronen nicht. In der dritten Kammer treffen die Protonen auf Sauerstoff. Die elektrochemische Spannung, die sich zwischen der ersten und der dritten Kammer aufgebaut hat, zieht nun die Elektronen von der Elektrode in der ersten über eine Leitung zur dritten Kammer. Das ist dann der nutzbare Strom. In der dritten Kammer reagieren Protonen, Elektronen und Sauerstoff schließlich zu Wasser, das als «Abfallprodukt» übrig bleibt. Eine saubere Angelegenheit.

Angesichts der Vorteile des Wasserstoffs und seiner – im Prinzip – unbegrenzten Verfügbarkeit ist es kein Wunder, dass sich Öl- und Energiekonzerne inzwischen für diesen Energieträger begeistern. Denn irgendeines fernen Tages werden die förderbaren Erdölvorräte zur Neige gehen. US-Präsident George W. Bush, der zwar nicht für Umweltaktivismus, wohl aber als Freund der amerikanischen Ölindustrie bekannt ist, hat denn auch Anfang 2003 die Förderung von Wasserstofftechnologien zu einem neuen Ziel der amerikanischen Energiepolitik erklärt. Eine künftige Wasserstoffindustrie muss jedoch zwei Probleme meistern: zum einen die billige Herstellung, zum anderen Lagerung und Transport des empfindlichen Gases.

Zwar ist Wasserstoff sehr energiereich, aber nur bezogen auf das Gewicht. Betrachtet man seine Ausdehnung, schneidet er sehr schlecht ab. Vier Kilogramm H_2-Gas beanspruchen bei Zimmertemperatur ein Volumen von stolzen 225 Litern oder einen Ballon von fünf Meter Durchmesser. Vier Kilogramm sind ungefähr die Menge, mit der ein Brennstoffzellenauto eine Reichweite von 400 Kilometern hat. Gibt es irgendeine Methode, mit der man diesen Ballon sicher zusammenschrumpfen könnte? Man kann das H_2-Gas unter einem Druck von mehreren hundert Atmosphären verflüssigen und so in einen Behälter pressen, dessen Ausmaße etwa einem großen Küchenmülleimer entsprechen. Aber wer möchte so eine «Bombe» schon im Auto haben?

Hier kommt wieder einmal die Nanotechnik ins Spiel. Seit langem ist bekannt, dass Wasserstoff auch in so genannten Metallhydriden sehr platzsparend gebunden werden kann. Aber das Entladen dauerte bisher viel zu lange, und die gespeicherte Wasserstoffmenge war noch zu gering.

Maximilian Fichtner, Projektleiter für Wasserstoffspeicher am Institut für Nanotechnologie im Forschungszentrum Karlsruhe, und seine Kollegen haben 2003 eine Entdeckung gemacht, die nanotechnische Wasserstoffspeicher plötzlich in greifbare Nähe rückt. Sie hatten mit der Verbindung Natriumalanat ($NaAlH_4$) gearbeitet, in der der Wasserstoff über fünf Prozent des Gewichts ausmacht. Der Haken war nur, dass das «Betanken» quälend lange dauerte, etwa eine Stunde. «Wir haben dann einen Katalysator gefunden, der das drastisch beschleunigt hat», sagt Fichtner. Es gelang ihnen, innerhalb von drei Minuten 80 Prozent des Wasserstoffs ins Natriumalanat zu bringen. Diese Spanne wird in Fachkreisen «T80-Zeit» genannt. «Damit sind wir schon in dem Bereich, den das US-Energieministerium für 2010 angepeilt hat.»

Der Katalysator, der dieses schnelle Betanken ermöglicht, ist Titan. Fichtners Gruppe hat es durch einen chemischen Prozess so verkleinert, dass die Struktur nicht einmal mehr unter dem Transmissions-Elektronenmikroskop, sondern nur noch mit Röntgenspektroskopie aufgelöst werden kann. Tatsächlich handelt es sich um ein Cluster aus 13 Titanatomen – also noch nicht mal mehr ein Nanoteilchen –, das von sechs Lösungsmittelmolekülen umringt ist. Diese Größe, oder besser Winzigkeit, sowie eine äußerst gleichmäßige Verteilung der Cluster im Natriumalanat erlaubt das schnelle An- und Ablagern von H-Atomen. Beim Betanken wird der Wasserstoff unter hohem Druck in das Gemisch aus Natriumalanat und Titanclustern gepresst, wobei Wärme frei wird. Um den Wasserstoff dann während der Fahrt herauszulösen, muss das Gemisch nur auf etwa 100 Grad erhitzt werden. Dazu lässt sich die Abwärme der Brennstoffzelle nutzen. «Es ist aber kein Material, das schon industriell verfügbar wäre», dämpft Fichtner voreilige Erwartungen. Bislang sei das Ganze im Stadium einer «Materialuntersuchung», und es gehe nach wie vor darum, Stoffe mit noch höherer Wasserstoff-Speicherdichte zu entwickeln. Immerhin ist es den Karlsruhern schon gelungen, die Herstellungskosten der Titancluster zu verringern. Die Menge, die man als Katalysator für eine Tankfüllung von 100 Kilogramm Wasserstoff benötigt, kostet zurzeit etwa 50 Euro. Keine Frage: Das Material der Karlsruher stellt einen Riesenschritt dar, der bisher von keiner anderen Forschungsgruppe erreicht wurde.

17 Die Träume des Pentagon

Wo eine technische Revolution von historischen Ausmaßen lauert, kann man sicher sein, dass das Militär nicht abseits steht. Erst recht nicht das amerikanische Verteidigungsministerium, das Pentagon. Knapp 200 000 Soldaten hat es nach den Anschlägen auf das New Yorker World Trade Center am 11. September 2001 in den Mittleren Osten geschickt, um das Taliban-Regime in Afghanistan und Saddam Hussein im Irak zu stürzen.

Vor allem im Irak wurden Bodentruppen eingesetzt. Wer noch die Bilder der Konvois vor Augen hat, die sich von Kuwait durch Wüste und Sandstürme bis Bagdad vorarbeiten, wird sich an bemitleidenswert bepackte Infanteristen erinnern. Zwischen 30 und 70 Kilogramm Kampfausrüstung schleppten sie mit sich herum. Besonders wendig ist man damit nicht mehr. Schlimmer noch: Gegen den Einsatz von biologischen und chemischen Waffen schützt das Equipment nur bedingt. Diese sind zwar durch internationale Konventionen geächtet, aber man wusste, dass Hussein vor deren Einsatz nicht zurückschreckt. Ende der achtziger Jahre hatten seine Truppen irakische Kurden mit Giftgas angegriffen. Glücklicherweise kam es dazu im Irakfeldzug nicht, wohl weil die Zerstörung der Bestände unter UNO-Aufsicht 1991 gründlicher ausgefallen war, als manche Politiker und Militärs behauptet hatten. Doch selbst harmloser Regen kann zur Behinderung werden, wenn Soldaten komplett durchweichen. Und ein weiteres Problem quält Krieg führende Armeen seit langem: das «Friendly Fire», der versehentliche Beschuss durch eigene Leute. Auch im Irak erschossen Amerikaner und Briten einige Landsleute, weil sie diese für Gegner gehalten hatten.

Zwar scheinen die Zeiten vorbei, in denen modern ausgerüstete Armeen offene Feldschlachten wie im Ersten oder Zweiten Weltkrieg austragen. Wo aber Bodentruppen eingesetzt werden müssen, ist der einfache Soldat, aller neuen Kommunikations- und

Waffentechnik zum Trotz, nach wie vor in höchster Gefahr. Die US-Armee hat sich vorgenommen, das zu ändern. Trickreiche Kampfanzüge sollen nicht länger nur in Hollywood Action-Helden unverwundbar machen. Auch der normale G.I. soll eine Hülle bekommen, die dem 21. Jahrhundert angemessen ist.

The return of the Ritterrüstung

Die Ritterrüstung der Zukunft entsteht nun am 500 Technology Square in Cambridge, der Schwesterstadt von Boston auf der anderen Seite des Charles River. Hier, inmitten von Hightech-Gebäuden und einigen alten Backstein-Turbinenhallen, hat das Massachusetts Institute of Technology (MIT) im März 2002 das Institute for Soldier Nanotechnology (ISN) gegründet. Sein Ziel: aus der heutigen Baumwoll-Nylon-Kleidung und der sperrigen Ausrüstung einen leichten Kampfanzug zu machen, in den Schutzmechanismen, medizinische Überwachung und Kommunikationsgeräte integriert sind. 50 Millionen Dollar, verteilt über fünf Jahre, lässt die US-Armee sich das kosten. Das MIT, die Unternehmen DuPont und Raytheon sowie zwei Bostoner Krankenhäuser steuern noch einmal 30 Millionen Dollar bei. Dabei geht es nicht um Grundlagenforschung oder andere brillante Ideen irgendwann für die Zukunft, wie sie am MIT oft entwickelt werden. «Das Militär wollte nicht nur Aufsätze in *Science* und *Nature*. Sie wollten etwas Handfestes», hat Institutsdirektor Ned Thomas die durchaus heikle Mission beschrieben. Bis 2007 sollen über 130 Wissenschaftler mit Hilfe von Nanotechnik die heutigen Anzüge deutlich verbessern, und fünf Jahre später soll die erste massenproduzierbare Nanorüstung fertig sein.

«Nano» also auch noch auf dem Schlachtfeld – wie soll das gehen? Indem man zum Beispiel die Fasern verändert, aus denen ein Kampfanzug hergestellt wird. Die bestehen schließlich auch aus Molekülen, genauer gesagt aus Polymeren, und damit kann man einiges anstellen, wie wir bereits gesehen haben. Welcome to the return of the Ritterrüstung!

Was wie eine Erfindung des genialen Mr. Q aus James-Bond-Filmen klingt, wird derzeit von mehreren Teams am ISN systematisch auf seine Machbarkeit hin abgeklopft. Ein Material, das sehr leicht ist und gut Energie absorbieren kann, sind so genannte Dendrimere. Das sind Molekülketten, die sich zu baumähnlichen Mustern verzweigen. Prallt eine Kugel auf ein Geflecht dieser Riesenmoleküle, könnte die Energie von den zahlreichen Verästelungen noch effizienter als von Kevlarfasern geschluckt werden, hofft man. Kevlar besteht aus Polymerketten, die über chemische Bindungen zu Bündeln angeordnet sind.

Bisher konnte man Dendrimere allerdings nicht zu einer Matte zusammenfügen. Die Chemikerin Paula Hammond hat nun Dendrimere hergestellt, aus denen eine Art langer Schwanz heraushängt. Diese Schwänze verflechten sich miteinander und geben den Molekülen Zusammenhalt.

Der Chemiker Tim Swager hat aus einem anderen Polymer, das elektrisch leitend ist, den Prototyp eines Sensors für Stresssituationen hergestellt. Fügt man nämlich in das Material einige Kobaltatome ein, entsteht eine Andockstelle für Stickstoffmonoxid. Hat man das Polymer mit zwei Elektroden verbunden, ändert sich sein elektrischer Widerstand immer dann, wenn sich Stickstoffmonoxid an Kobalt anlagert. Dessen Menge im menschlichen Atem nimmt unter Stress deutlich zu. Eine solche Konstruktion sei ein erster Schritt zu einem Sensor, der schnell eine Veränderung im körperlichen Zustand des Soldaten diagnostizieren kann, sagt Swager. Ein Sender könnte dann derartige Daten an ein Ärzteteam im Leitstand einer Einheit übertragen.

Etwas weiter sind Swagers Kollegen Karen Gleason und Alexander Klibanov. Sie stellten im vergangenen Jahr mit Nanopartikeln beschichtete Kevlarfasern vor, die Wasser abweisend sind und Keime abtöten können. Wie sich bei einer Umfrage unter amerikanischen Soldaten gezeigt hatte, stand eine Uniform, die nicht nass werden kann, ganz oben auf ihrer Wunschliste – offenbar noch vor absolut kugelsicherem Material. 97 Prozent aller Keime, die mit den Fasern in Berührung kamen, wurden abgetötet. Der Prototyp besteht aus einem gut 10 mal 10 Zentimeter großen Stück Kevlargewebe. ISN-Direktor Ned Thomas geht davon aus, dass es noch zwei bis drei Jahre dauern wird, bis diese Technik in großen Mengen als kommerzielles Produkt hergestellt werden kann.

Außerdem basteln die ISN-Forscher an Camouflagetextilien, bei denen sich die Wellenlänge der reflektierten Strahlung manipulieren lässt. Die Uniform könnte sozusagen die «Farbe» wechseln und an bestimmten Stellen verstärkt für das menschliche Auge unsichtbare Infrarotstrahlung abgeben. Dieses Muster ließe sich dann mit entsprechenden Geräten erkennen, und die Soldaten könnten auch bei Nacht oder bei schlechter Sicht ihre Kollegen eindeutig von gegnerischen Truppen unterscheiden. Es müsste dann kein «Friendly Fire», keinen Beschuss eigener Truppenteile, mehr geben.

Doch die Rüstung der Zukunft soll noch mehr können. Sie soll den Soldaten nicht nur schützen und überwachen, sie soll ihm auch zusätzliche Kraft verleihen. Die MITler arbeiten an künstlichen Muskelfasern, die in Kampfanzüge eingewebt werden könnten. Der Prototyp sind Polymermoleküle mit zwei auseinander stehenden langen Enden, die in der Mitte durch eine Art Scharnier verbunden sind. Unter elektrischer Spannung klappt dieses molekulare Scharnier zusammen, bis sich die Enden berühren. Verbindet man viele derartige Moleküle zu einer Kette, könnte diese dann wie ein Ziehharmonika-Faden zusammenschnellen. Die Idee dahinter: Solche künstlichen Muskelfasern würden dem Soldaten helfen, eine schwere Last leichter hochzuheben. Berechnungen zeigen, dass 1,4 Kilogramm dieses Materials ausreichen, 80 Kilogramm einen Meter in die Höhe hieven zu können. Soweit die

Theorie. In der Realität dauert der Klappvorgang derzeit eine ganze Minute, weil die Muskelmoleküle in den Fäden noch nicht schnell genug auf die elektrische Spannung reagieren. Wie ein Student dem amerikanischen Magazin *Wired* verriet, gelingt es den Forschern nicht einmal, die Scharniermoleküle zu einer Faser von einem Mikrometer Länge zu verbinden.

Die «dynamische Rüstung» soll dem Soldaten auch im Falle einer Verletzung helfen. Hat er sich ein Gelenk verstaucht oder gar einen Knochen angebrochen, könnte die Uniform sich an dieser Stelle schlagartig versteifen und als feste Bandage oder gar Schiene dienen. Um dies zu erreichen, experimentiert man am ISN mit Hohlfasern von 100 Mikrometer Durchmesser, die mit hohlen Kügelchen gefüllt sind. Diese enthalten ihrerseits 10 Nanometer lange magnetische Eisenoxidteilchen, eingebettet in eine zähe Flüssigkeit. Legt man ein magnetisches Feld an, reihen sich die Teilchen in einer geraden Linie auf. Das Gewebe wird 50-mal steifer als herkömmliche Kevlarfasern.

Ein nanotechnisches Wettrüsten?

Für militärische Erfindungen nehmen sich diese Ideen recht harmlos aus. Sie klingen eher nach einem künftigen Trekking-Outfit für Survival-Freaks, die auf den Spuren Rüdiger Nehbergs auf eigene Faust unwegsame Landschaften erkunden wollen. Auch kann man bezweifeln, ob solche Hightech-Uniformen im modernen, unberechenbaren Guerillakrieg, der – wie zuletzt im Irak – das Schlachtfeld des 20. Jahrhunderts ablöst, je so wichtig sein werden, wie Militärplaner annehmen. Diese scheinbare Unbedarftheit sollte jedoch nicht zu dem falschen Schluss führen, die Nanotechnik habe überhaupt kein destruktives Potenzial.

Die meisten Konfliktforscher halten eine Unterscheidung zwischen Verteidigungs- und Angriffswaffen für unhaltbar. Entscheidend sei vielmehr, ob sich eine Armee in den Augen des Gegners durch solche «harmlosen» Innovationen einen Vorteil verschafft. Selbst eine scheinbar geringfügige Verunsicherung durch eine Nanouniform könnte als Aufforderung zum «Nachrüsten» verstanden werden und politische Konflikte anheizen.

Doch es gibt ein noch schwerwiegenderes Problem. Die Forschung am ISN findet zwar vor unser aller Augen statt, eben weil sie rein defensiv wirkt. Heiklere Konzepte dürften aber von vornherein unter Ausschluss der Öffentlichkeit entwickelt werden. Die Nanomedizin hat sich, wie wir bereits gesehen haben, die Manipulation von Zellen auf molekularer Ebene zum Ziel gesetzt. Genetische oder andere physische Eigenarten einzelner Menschen sollen gezielt angesprochen, Kranke mit einer individuellen Therapie behandelt werden können. Aber es ist durchaus vorstellbar, dass Therapien am Ende zu Waffen umfunktioniert werden, wenn man etwa eine hocheffiziente, gering dosierte «Nanoarznei» für genetisch ähnliche Gruppen maßschneidert und damit «ethnische Waffen» hat. «Man muss davon ausgehen, dass es im Zuge der weiteren Entwicklung von Nanotechnologie Erkenntnisse geben wird, gezielt neue Krankheitserreger zuzuschneiden», warnt Jürgen Altmann, Physiker an der Uni Dortmund. Er untersucht seit 15 Jahren die Folgen von militärischen Anwendungen neuer Technologien. Solche Arbeiten würden jedoch die B-Waffen-Konvention von 1975 unterlaufen, die Eingriffe in Zellprozesse verbietet, sagt Altmann. Dieses Abkommen ist seit damals von 143 Staaten unterzeichnet worden. Solange B-Waffen ohnehin nicht gezielt eingesetzt werden konnten, funktionierte die Konvention. Angesichts der neuen Möglichkeiten wäre aber eine genauere Überprüfung nötig. Die Verhandlungen darüber, wie solche Kontrollen aussehen könnten, wurden von den USA allerdings 2001 verlassen.

Solange es solche weltweiten Kontrollen nicht gibt, können Regierungen ungehindert neue B-Waffen im Verborgenen entwickeln. Deshalb plädiert Altmann zusammen mit dem amerikanischen Physiker Mark Gubrud dafür, als Erstes ein «Verifikationsprotokoll» zur B-Waffen-Konvention zu beschließen. «Außerdem haben wir vorgeschlagen, auf nichtmedizinische nanotechnische Eingriffe in den menschlichen Körper für zehn Jahre gänzlich zu verzichten.»

Das alles sind bestenfalls Skizzen, wie Nanotechnik eines Tages auch militärisch eingesetzt werden könnte. Die Regierungen der Welt sollten sich jedoch schon jetzt den Kopf zerbrechen, wie sie die Entstehung ganz neuer Massenvernichtungswaffen, jenseits der bekannten ABC-Waffen, im Ansatz verhindern könnten, mahnt Sean Howard, Herausgeber der Fachzeitschrift *Disarmament Diplomacy*. Denn wer erst auf neue gefährliche Verfahren und Nanogeräte wartet, um dann darüber zu beraten, «wird von ihnen überrannt». Howard hat deshalb vorgeschlagen, nach dem Vorbild des internationalen Weltraum-Abkommens von 1967, dem «Outer Space Treaty», ein «Inner Space Treaty» zu schaffen. Diesen originellen Begriff könnte man am ehesten mit «Quantenraum-Abkommen» übersetzen. Der Einsatz von Massenvernichtungswaffen würde dann nicht nur für den Weltraum geächtet, sondern auch für das Reich der Atome und Moleküle. Altmann hält diesen Vorschlag allerdings nicht für sehr sinnvoll, da nicht alle Regeln eins zu eins auf den Nanokosmos übertragbar seien.

Noch gibt es, wie gesagt, derartige Waffen nicht. Zumindest gibt es aber bereits ein Konzept, das einen das Gruseln lehrt: den Nanoreplikator. Mit ihm und anderen «Visionen» wollen wir uns im letzten Teil des Buches beschäftigen.

Übermorgen: Die Albträume?

«Ich sah etwas, das aussah wie eine kleine, wirbelnde Wolke aus dunklen Partikeln. Wie ein Sandteufel, diese kleinen Sandhosen, die sich über den Boden bewegten, aufgewirbelt von Konvektionsströmungen, die aus der heißen Wüste aufstiegen. Nur dass diese Wolke schwarz war und einigermaßen konturiert – es schien, als wäre sie in der Mitte eingedrückt, ein wenig so wie eine altmodische Cola-Flasche. Aber sie behielt die Form nicht ständig bei. Die Umrisse verwandelten sich ständig, gestalteten sich immer wieder neu.

‹Ricky›, sagte ich. ‹Was ist das da?›

‹Ich hatte gehofft, das könntest du mir sagen.›

‹Es sieht aus wie Agentenschwarm. Ist das euer Kameraschwarm?›

‹Nein, es ist etwas anderes.›

‹Woher weißt du das?›

‹Weil wir die Wolke nicht kontrollieren können. Sie reagiert nicht auf unsere Funksignale.›»

Michael Crichton, *Beute,* S. 182 f.

18 Die molekulare Fabrik

Selbstreinigende Oberflächen, Nanodrahtprozessoren, Quantenpunktsensoren, Krebstherapie mit Magnetpartikeln, neue Solarzellen – die Liste erster nanotechnischer Anwendungen liest sich schon beeindruckend. Ungeachtet der Tatsache, dass noch nicht alles reif für das echte Leben ist. Für Eric Drexler, Ralph Merkle und die Foresight-Fraktion ist das alles nur Vorgeplänkel, ja noch nicht einmal richtige Nanotechnik. Für sie ist das entscheidende Kriterium nicht, dass sich neue Technologien in Nanometer-Dimensionen bewegen. Ihnen geht es um «Molecular Manufacturing»

– um molekulare Fertigung. Deren Herzstück sind «Maschinen, die einzelne Atome greifen und positionieren können», wie Drexler in *Engines of Creation** schrieb. Diese Maschinen nannte er «Assembler». Ihre Arbeitsweise ist die «Mechanosynthese», für Drexler der wesentliche Unterschied zur physikalischen Nanotechnik, die vor allem mit Rastersonden arbeitet, oder zur chemisch-biologischen, bei der die Zutaten sich per Selbstorganisation zusammenfügen. Die Assembler «werden so gut wie alles bauen können, indem sie die richtigen Atome im richtigen Muster binden».

Wie das aussehen könnte, hat Drexler in seinem Buch skizziert. «Stellen wir uns vor, wie man auf diese Weise ein großes Raketentriebwerk ‹wachsen› lässt, in einem Stahltank in einer Fabrik.» Um die Produktion zu beginnen, wird eine Flüssigkeit mit Milliarden von Assemblern in den Tank eingelassen. Auf dem Grund befindet sich ein «Samen», so Drexler, ein Nanocomputer, der den Bauplan der Rakete enthält. Die Assembler docken daran an und laden den Plan herunter. «Den Instruktionen des ‹Samens› gehorchend, wächst eine Art Assembler-Kristall aus dem Chaos der Flüssigkeit empor … Dieser bildet eine Struktur aus, die weniger gleichmäßig und komplexer als bei natürlichen Kristallen ist. Im Verlaufe einiger Stunden nimmt das Gerüst aus Assemblern immer mehr die endgültige Gestalt des geplanten Raketentriebwerks an.» Im nächsten Schritt werden die überzähligen Assembler abgepumpt und es wird eine neue Lösung mit aluminium- und sauerstoffhaltigen Verbindungen zugeführt. Das ist das Baumaterial, und das Geflecht der verbliebenen Assembler macht sich nun daran, die Form der Rakete mit Atomen und Molekülen auszufüllen, die aus der Lösung herausgegriffen werden. Diese dient gleichzeitig als Kühlmittel für den Prozess.

«Wo große Festigkeit nötig ist, konstruieren die Assembler Stäbe aus mit einander verzahnten Fasern aus Kohlenstoff in seiner Diamantstruktur. Wo Hitze- und Rostbeständigkeit wichtig sind, bauen sie ähnliche Strukturen aus Aluminiumoxid in seiner

Saphirvariante.» Zuletzt pumpen sich die Assembler durch die «letzte verbliebene Öffnung» im Raketenkörper selbst ab. Der Vorteil der ganzen Prozedur: «Anstatt eines massiven Teiles aus geschweißtem und genietetem Metall haben wir ein nahtloses, edelsteinartiges Gebilde. Im Vergleich zu einem heutigen metallenen Triebwerk hat dieses 90 Prozent weniger Masse», begeisterte sich Drexler.

Die Drexler'schen Nanosysteme

Natürlich klang das 1986 wie pure Science-Fiction. Die Reaktionen unter Forscherkollegen waren, vorsichtig gesagt, verhalten. Drexler promovierte dann am renommierten Massachusetts Institute of Technology und lehrte ein Semester an der Stanford University «Nanotechnik und explorative Ingenieurwissenschaft». 1992 legte er mit einem voluminösen Werk namens *Nanosystems* nach, mit dem er die Machbarkeit seiner Konzepte wissenschaftlich untermauern wollte. Auf mehr als 500 Seiten präsentierte er thermodynamische Abschätzungen und Modellrechnungen, die die prinzipielle Machbarkeit der molekularen Fertigung begründen sollten.

Schauen wir einmal, wie Drexler sich die Arbeitsweise eines Assemblers vorstellt. Als wesentliches Baumaterial dient Kohlenstoff, vor allem in Form von Kohlenwasserstoffen wie Methan. Dazu kommen Stickstoff, Sauerstoff, Silizium, Schwefel, Phosphor, Fluor und Chlor. Sie alle werden in einer Lösung angeliefert. In der Außenhülle des Assemblers befinden sich nun winzige Luken. In diesen drehen sich etwa fünf Nanometer große Schaufelräder, die kleine Einbuchtungen aufweisen. Hierin finden nur bestimmte Moleküle des Rohmaterials Platz, beispielsweise Ethylen. Hat sich ein Ethylenmolekül aus der Rohstofflösung in einer solchen Einbuchtung angelagert, wird es vom Schaufelrad auf die andere Seite der Assemblerhülle transportiert. Dort lagert es sich am Glied eines vorbeilaufenden Förderbandes an und wird von diesem ins

Innere des Assemblers transportiert, an ein anderes Band übergeben oder durch eine «Mühle» geleitet. In der wird es vielleicht für die endgültige Reaktion chemisch verändert, indem zum Beispiel ein Wasserstoffatom entfernt wird und ein äußerst reaktionsfreudiges Radikal entsteht. All dies findet natürlich im Vakuum statt. Der Innenraum des Assemblers ist nicht mit irgendeinem Gas oder einer Lösung gefüllt. Schließlich gelangt unser Ethylenmolekül zu einem beweglichen Roboterarm, der etwa 100 Nanometer lang ist und aus vier Millionen Atomen besteht. Die Spitze des Roboterarms bugsiert das Molekül an die eigentliche «Baustelle», wo es sich mit anderen Atomen oder Molekülen zu einer festen Struktur verbindet. Dabei handelt es sich um neue Stützbalken, Gehäuse, Kugellager, Förderbandglieder, Schaufelräder oder Rollen. Lauter nanoskopische Gegenstücke zu den Teilen einer heutigen Industriemaschine. Oder das Molekül wird in die Wand eines makroskopischen Gegenstandes eingefügt, der so Atom für Atom Gestalt annimmt. Ähnlich wie ein Kristall in der Reaktionskammer eines Labors durch Anlagerung weiterer Atome wächst. Während jedoch beispielsweise ein Opal genau die innere Struktur bildet, die die Natur «vorgesehen» hat, fügt der Assembler die Atome so zusammen, wie es der Designer in einem CAD-Programm am Computer entworfen hat. Der Assembler produziert also riesige Moleküle, die in der Natur nicht vorkommen. Drexler nennt sie «diamantartig», weil die Bindungen zwischen den Atomen so berechnet sind, dass sie ähnlich stabil wie in Diamant werden. Der Assembler arbeitet dabei ohne Bordelektronik. Sein Computer funktioniert rein mechanisch, und auch die Steuerbefehle an all die Förderbänder, Mühlen und Arme werden mechanisch über eine Art Nanohydraulik weitergeleitet.

Ist man in *Nanosystems* am Ende dieser Beschreibung angekommen, drängt sich unweigerlich eine nicht ganz unerhebliche Frage auf: Wo kommen eigentlich all die Nanomaschinenteile her? Ein Henne-Ei-Problem tut sich auf. Damit der Assembler all dies bauen kann, muss bereits ein erster Assembler vorhanden sein. Drexler geht davon aus, dass die ersten Bauteile wohl mit biotechnischen Verfahren oder mit Hilfe von Kraftmikroskopen erzeugt werden könnten. Dennoch: Wie man daraus die allererste Nanomaschine macht, kann auch er im Detail nicht darlegen. Er sagt nur: «Einmal zusammenmontiert, kann man kleine mechanosynthetische Geräte herstellen, die komplexere Strukturen ausführen, angetrieben und gesteuert durch Druckunterschiede.» Dann ist das Buch zu Ende. Ab hier scheiden sich die Geister.

Für einige Forscher ist *Nanosystems* seitdem zur Nanobibel geworden. Andere vermissen den nötigen Realismus, der schlüssig die Frage beantwortet, wie man nun genau von ersten Bausteinen zum ersten Assembler kommen kann. Eine dritte Gruppe – sofern sie es gelesen hat – stellt den ganzen Ansatz Drexlers in Frage.

Der Streit um den Assembler

Es ist nicht so, dass winzige Maschinen den Realisten in der Nanogemeinde keinen Gedanken wert sind. Es gibt durchaus erste Ansätze für Maschinenteile. Nehmen wir das Drexler'sche Schaufelrad, das bestimmte Moleküle aussortieren und in den Assembler transportieren soll. Es verfügt ja über Einbuchtungen, in denen sich nur eine Art Molekül anlagern kann. Etwas Derartiges kann man inzwischen mit der Technik des «molekularen Prägens» herstellen. Der Chemiker Günter Tovar vom Fraunhofer-Institut für Grenzflächen- und Bioverfahrenstechnik erzeugt in der Hülle von Polymer-Nanopartikeln Abdrücke eines speziellen Moleküls. Die Partikel sollen als medizinische Biosensoren eingesetzt werden, indem an diesen Abdrücken biologische Moleküle andocken.

Auch Stützbalken oder Gehäuse, wie sie Drexler vorschweben, sind vorstellbar. In Kapitel 10 haben wir bereits gesehen, dass sich aus Peptiden kleine Container herstellen lassen, dass aus DNS-Strängen ausgedehnte Gerüste geformt werden können.

Selbst für die Schwungräder, die ein Laufband antreiben könnten, können wir ein erstes, rudimentäres Beispiel finden. Alex Zettl von der Universität Berkeley hat im Sommer 2003 einen winzigen Elektromotor vorgestellt. Eine 300 Nanometer lange, rechteckige Siliziumplatte ist an einer Kohlenstoff-Nanoröhre befestigt, die als Schaft dient und zwischen zwei Elektroden hängt. Legt man eine Spannung von fünf Volt an, rotiert das Plättchen. Zettls Gruppe gelang dabei eine volle Umdrehung um 360 Grad.

Es gibt durchaus noch weitere bescheidene Ansätze in Richtung Nanomaschinenbau. Trotzdem gleicht das Feld bislang mehr einem dahingeworfenen Puzzle, das noch niemand richtig angefasst hat. Das liegt nur zum Teil daran, dass man noch nicht weiß, wie man alles miteinander verbinden könnte. Einige Forscher zweifeln prinzipiell an der Machbarkeit eines Assemblers. Einer der entschiedensten Kritiker war der 2005 verstorbene Richard Smalley, einer der Entdecker der Buckyballs. Er hielt die Idee schlicht für unphysikalisch. Um all die Atome an der Baustelle selbst zu kontrollieren – und Drexler betont ja, dass sich in der «Mechanosynthese» kein Atom unkontrolliert bewegen könne –, müsste jedes mit einem eigenen Arm in Schach gehalten werden. Die Arme des Assemblers, argumentierte Smalley, müssten ihrerseits immer noch aus Atomen bestehen. Damit wären sie genauso dick wie die Bausteine, die sie eigentlich bewegen sollen. Smalley nannte dies das «Fat Fingers Problem». Auch wenn Richard Feynman 1959 gesagt habe, es sei viel Platz im Nanokosmos – «so viel Platz gibt es nun auch wieder nicht», wendete Smalley ein.

Drexler hat auf diese Kritik wiederum mit einem offenen Brief reagiert, in dem er Smalley vorwarf, seine Ideen falsch wiederzugeben, um sie dann lächerlich machen zu können. Die von ihm skizzierten Arme sind zwar etwa 30 Nanometer dick, laufen aber – ähnlich wie beim Rastertunnelmikroskop – in einer hauchdünnen Spitze zu. Das Problem dürfte weniger die Spitze sein, die die Atome bewegt, als der vergleichsweise riesige Schaft.

Smalley hat noch einen weiteren Einwand erhoben: das «Sticky Fingers Problem». Die Atome könnten an der Spitze hängen bleiben, weil die Van-der-Waals-Kraft, eine schwache Anziehung zwischen Atomen oder Molekülen, sie bindet. Dann hätte der Roboterarm dasselbe Problem wie jemand, der versucht, einen Kaugummi von der Schuhsohle zu bekommen. Das Biest bleibt einfach kleben. Das «Sticky Fingers Problem» dürfte sich als zentral herausstellen. Denn Drexlers molekulare Nanotechnik setzt ganz explizit nicht auf Selbstorganisation beim Zusammenbau der Assemblerteile, sondern auf eine «Positional Assembly», also einen punktgenauen Zusammenbau. Drexler kann nur auf seine Computermodelle verweisen. Experimentelle Ergebnisse, die Smalley widerlegen würden, hat er nicht.

Es gibt noch ein weiteres Problem der Nano-Community mit Drexler: Er ist offenbar schlicht und einfach unbeliebt. «Er wird nicht als Spinner abgetan, sondern als unangenehme Person», sagt Gerd Binnig frank und frei. In eine ähnliche Richtung geht auch Hermann Gaub, der ihn Ende der Achtziger an der Stanford University erleben konnte. «Drexler hat nach dem Motto geredet: ‹Ich sag euch, wie's geht, ihr seid ja zu doof›», schildert er seinen Eindruck. «Eine Community lebt aber davon, dass man sich gegenseitig respektiert. Er hat die Gruppen, die hart an Nanotechnik arbeiten, nicht respektiert.»

Drexler ist in der Tat etwas unduldsam mit den Fortschritten von Kollegen, wenn sie scheinbar nichts mit seiner Idee der molekularen Fertigung zu tun haben. Auf die Frage, ob der Millipede von IBM nicht ein eindrucksvolles Beispiel dafür sei, wie man viele Nanowerkzeuge parallel nutzt – ein Punkt, den er selbst in *Nanosystems* anspricht –, antwortet er nur: «Die AFM-basierten Ansätze in *Nanosystems* konzentrierten sich auf die molekulare Veränderung der Spitzenstruktur und darauf, die Lage der Atome in der chemischen Synthese zu kontrollieren. Beim Millipede geht es in erster Linie um die Anzahl der Spitzen, und deshalb geht dieser Ansatz in eine Richtung, die nichts mit *Nanosystems* zu tun hat.» Eine Nachfrage, Herr Drexler: Ist nicht die Tatsache, dass hier Tausende Cantilever unglaublich schnell und exakt nanoskalige Bits positionieren können, ein Fortschritt für die Nanotechnik? Noch dazu mechanisch, wie ja auch die Assembler nanomechanische Gebilde sind? «Ja, das Millipede-Konzept könnte sicher die Schnittstellen zwischen Nanowerkzeugen und der makroskopischen Welt verbessern», gibt er dann doch zu.

Vorerst steht Drexler mit seinem Assembler-Konzept allein auf weiter Flur. Verstehen können er und Ralph Merkle das nicht. Für sie sind die Vorzüge einer Assemblertechnik offensichtlich: Die Industrie könnte bessere Produkte zu einem Bruchteil der Kosten produzieren. «Die Dinge sind langsamer vorangekommen, als ich erwartet hatte», räumt Ralph Merkle etwas enttäuscht ein. Das liegt für ihn aber nicht an grundsätzlichen technischen Problemen. Es fehle der Wille, die Forschung in diese Richtung voranzutreiben. Etwa eine Rede des Präsidenten vom Schlage der berühmten Kennedy-Rede 1961. Damals hatte Kennedy gefordert, dass noch vor Ablauf der sechziger Jahre Amerikaner auf dem Mond landen sollten. «Kennedy sorgte für Forschungsgelder und ein klares Ziel», sagt Merkle. Was würden Sie denn dem US-Präsidenten in sein Redemanuskript schreiben, Herr Merkle? «Erstens, baut einen Assembler. Zweitens, legt den Entwicklungsweg dorthin fest. Drittens, geht diesen Weg!»

Doch ganz gleich, mit wem man außerhalb des Foresight-Lagers spricht, niemand hält einen Drexler-Assembler überhaupt für realisierbar. Hermann Gaub sieht nicht einmal die Voraussetzungen gegeben: «Wir sind bisher nicht in der Lage, gezielt Strukturen im Nanometerbereich aus nanoskaligen Bausteinen aufzubauen.» Außer chemischer Self-Assembly, also Selbstorganisation, gebe es derzeit kein Verfahren. Der Nobelpreisträger Richard Smalley hat angesichts der überwältigenden Probleme ein drastisches Urteil gefällt: «Solch ein Nanoroboter wird nie mehr sein als die Träumerei eines Futuristen.» George Whitesides von der Harvard University stellt gar die Grundidee in Frage, makroskopische Dinge aus Atomen billig und ungeheuer schnell bauen zu können. «Der Charme des Assemblers ist trügerisch: Als Metapher ist er ansprechender denn als Realität, und er ist weniger die Lösung eines Problems als das Hoffen auf ein Wunder.» Denn das Konzept des Assemblers hat noch eine dunkle Seite, wie wir in den nächsten beiden Kapiteln sehen werden.

19 Die unheimlichen Replikatoren

Unterstellen wir den Kritikern der Nanofuturisten einmal, dass es ihnen an Phantasie mangelt. Dass demnächst doch ein unbekannter Tüftler aus seiner Garage hervorkommt, der mit unerschöpflicher Geduld und einer billigen Rastersonde Atome und Moleküle zu einem Assembler zusammengefügt hat, den er zuvor am Rechner konstruiert hat. Er hält der Weltpresse elektronenmikroskopische Aufnahmen einer rudimentären Nanomaschine vor die Kamera, die Atome «greift», Bindungsachsen dreht und ein künstliches Protein zusammenbaut. Gut denkbar, dass die Garage in Kalifornien steht, wo man scheinbar absurden Ideen unbeirrt nachgeht.

Bedeutet eine solche Nanomaschine dann schon molekulare Fertigung? Nein, denn das größte Problem wäre auch dann noch ungelöst: Wie stellt man viele solche Assembler her? Man will ja viele von ihnen haben und den nächsten nicht wieder in derselben mühsamen Prozedur zusammenbasteln. Es ist dasselbe Problem, das wir auch schon bei den Quantenpunkten kennen gelernt haben. Die Lösung war dort genial und einfach: Selbstorganisation. Nach diesem physikalischen Rezept kann man innerhalb kürzester Zeit Milliarden Halbleiterpyramiden herstellen, die sich als Lasermedium nutzen lassen. Das funktioniert, weil die Pyramidenstruktur das energetisch beste Ergebnis unter den gewählten Laborbedingungen ist. Sie wird «von selbst» erzeugt.

Nun wäre aber die Struktur der fiktiven Nanomaschine etwas komplexer als eine Pyramide, die aus Millionen Atomen aufgeschichtet ist. Ließe sich das auch in Selbstorganisation herstellen? Im Prinzip ja. Der entsprechende Prozess ist etwas komplizierter als das Aufdampfen von Material unter kontrollierten Bedingungen, aber er ist weit verbreitet. Man nennt ihn «Leben». Leben ist tatsächlich auch ein Selbstorganisationsprozess: Energie wird in ein Ensemble von Atomen und Molekülen hineingesteckt, das sich nicht im Gleichgewicht befindet, und zum Aufbau einer Struktur verwendet. Dies ist eine abstrakte Beschreibung der Zellteilung, bei der scheinbar aus dem Nichts etwas Neues geschaffen wird. Das «Nichts» ist natürlich eine wässrige Lösung voller Atome und Moleküle.

Die Zellteilung ist ein Beispiel für eine Replikation, also die Herstellung einer identischen Kopie. Genau dieses Konzept hat Drexler in *Engines of Creation* vorgeschlagen: Assembler sollen zugleich Replikatoren sein und sich selbst herstellen. Man fängt mit wenigen Assemblern an und lässt diese erst einmal zahlreiche Kopien ihrer selbst anfertigen – die Kopien kopieren sich natürlich auch, und immer so weiter –, bevor sie die eigentliche konstruktive Arbeit beginnen.

Nur, so einfach ist das natürlich nicht. Bis Mitte des 20. Jahrhunderts wusste man nicht genau, wie die Zellreplikation funktioniert. Man fragte sich, wie denn die ganze Information über all die Nachfahren, die erst in der Zukunft geboren werden, in den Samenzellen vorhanden sein kann. Der Aufbau der DNS war noch unklar. Ganz unabhängig davon hatte der ungarisch-amerikanische Mathematiker John von Neumann bereits Ende der vierziger Jahre über das Problem sich selbst kopierender Maschinen nachgedacht und eine ganz abstrakte und logische Lösung gefunden, die er erst 1966 veröffentlichte: den zellulären Automaten. Dieser besteht aus drei Teilen: einem Bauplan, einem Konstruktionsapparat und einem Kopiermechanismus. Für den Konstruktionsapparat ist der Bauplan eine Anleitung, in welchen Schritten er eine Kopie des gesamten Automaten herstellt, für den Kopierer jedoch nur eine Datei, die er vervielfältigen und in dem neuen Automaten deponieren muss. Auf uns bezogen bedeutet das: Der Organismus ist der Konstruktionsapparat, die DNS der Bauplan und die Zelle der Kopierer, der die DNS vervielfältigt. In Bakterien ist die Zelle gleichzeitig Konstruktionsapparat und Kopierer.

Erst wenn es gelingt, diese drei Komponenten in einem System unterzubringen, kann aus einem Assembler ein Replikator werden. Könnte dieser die Vervielfältigung von selbst in Gang setzen, hätte man im Prinzip eine künstliche Lebensform geschaffen. Und genau hier wird manchem zu Recht mulmig.

Techno-Evolution

Aus unserer beschränkten Perspektive haben wir das Gefühl, am Ende der Evolution zu stehen. Alles scheint im Homo sapiens zu kulminieren. Was soll danach noch kommen? Tatsächlich gibt es aber keinen Grund, anzunehmen, dass die Evolution zum Stillstand gekommen ist. Der Biologe Richard Dawkins hat 1976 in seinem epochalen Buch *Das egoistische Gen*, das eine Art Bibel der Neodarwinisten wurde, eine interessante Idee formuliert. «Das Gen», schreibt er, «das Stückchen DNA, ist zufällig die Replikationseinheit, die auf unserem eigenen Planeten überwiegt.» Doch in der vergleichsweise winzigen Zeitspanne der menschlichen Zivilisation ist etwas Eigenartiges geschehen. «Ich meine», fährt er fort, «dass auf diesem unserem Planeten kürzlich eine neue Art von Replikator aufgetreten ist. Zwar ist er noch jung, treibt noch unbeholfen in seiner Ursuppe herum, aber er ruft bereits evolutionären Wandel hervor, und zwar mit einer Geschwindigkeit, die das gute alte Gen weit in den Schatten stellt.» Diese Ursuppe sei die menschliche Kultur, so Dawkins, und ihre Replikationseinheit das «Mem». Dieses Wort ist eine Schöpfung von Dawkins selbst, abgeleitet vom griechischen Wortstamm «mimem-» für «Imitation». Das Mem ist eine Einheit für kulturelle Imitation. Darunter versteht Dawkins Ideen, Melodien, Theorien, all das, was die Kultur hervorbringt. Diese Meme werden von den Menschen vervielfältigt und an Zeitgenossen und Kinder weitergegeben. So wandern sie durch die Jahrzehnte, ja sogar Jahrhunderte, wie zum Beispiel die Brandenburgischen Konzerte von Bach oder die Sage von König Artus und den Rittern der Tafelrunde.

Gegen Ende schreibt Dawkins noch einen Satz, der beachtenswert ist: «Nachdem die Gene einmal ihre Überlebensmaschinen mit einem Gehirn ausgestattet haben, das zu rascher Imitation fähig ist, werden die Meme automatisch das Ruder übernehmen.» Bedenkt man, dass Software und das Konzept der Maschine auch Meme sind, bekommt dieser Satz eine beunruhigende Bedeutung. Denn derartige Meme lassen sich, wie wir täglich am Computer erleben, materialisieren.

Der Amerikaner Ray Kurzweil hat diesen Gedanken mit seiner Idee der Techno-Evolution radikal weitergesponnen. Man könnte ihn die Inkarnation eines Fortschrittsoptimisten nennen. Bereits 1964, im Alter von 16 Jahren, schrieb er sein erstes Computerprogramm. Zu einer Zeit wohlgemerkt, als man noch keinen billigen PC bei Aldi kaufen konnte. Computer waren damals sündhaft teure Industriemaschinen. Seitdem hat Kurzweil auf dem Gebiet der Spracherkennung geforscht und neue Programme entwickelt, hat mehrere Firmen gegründet und ist als Prophet des technischen Fortschritts unterwegs. Häufig per Datenleitung. Dann blickt er aus seinem Arbeitszimmer von einer Videoleinwand in einen vollen Konferenzsaal und verkündet die nächste Stufe der Evolution: Intelligente Maschinen übernehmen die Welt.

Kurzweil argumentiert, dass sich wichtige Trends in der Geschichte exponentiell entwickeln: das Bevölkerungswachstum zum Beispiel ebenso wie ökonomisches Wachstum, die Abnahme der Größe von Maschinen – und die Zunahme an Rechenleistung und Speicherkapazität in Computern. Was das für uns bedeutet, beschreibt er so: «Computer werden in der zweiten Hälfte des 21. Jahrhunderts selbst lesen können und das Gelesene verstehen und umformen.» Weil die Maschinen ihr Wissen per Datenaustausch viel schneller weitergeben können als Menschen, die Neues mühsam lernen müssen, wird sich ihre Intelligenz in einem rasenden Tempo weiterentwickeln. Das Ende: «Der größte Teil der Intelligenz unserer Zivilisation wird schließlich nichtbiologisch sein und am Ende dieses Jahrhunderts Billionen Billionen Mal leistungsfähiger als die menschliche Intelligenz.» Schlimmer noch: «Der Fortschritt wird sich zuletzt so beschleunigen, dass er unsere Fähigkeit, ihm zu folgen, übersteigen wird. Er gerät buchstäblich außer Kontrolle.» Das klingt nicht gut. Für die meisten von uns jedenfalls. Kurzweil selbst kann dem hingegen nur Positives abgewinnen: In der Maschinenintelligenz sieht er «transzendente Diener» der «zurückgebliebenen» Menschheit entstehen. Er ist überzeugt davon, dass diese Techno-Evolution nicht aufzuhalten ist.

Künstliche Termiten

Nun ist bis heute umstritten, wie Intelligenz bei Maschinenwesen überhaupt aussehen könnte. Der Ansatz der fünfziger und sechziger Jahre, dass man Rechnern nur genügend Power und Daten geben müsste und die Intelligenz käme dann von selbst, ist heute passé. Die Möglichkeit künstlicher Intelligenz jedoch nicht. Neben den verschiedenen Robotertypen, an denen weltweit gebaut wird und die inzwischen in Fußballturnieren gegeneinander kicken, und den dazugehörigen Philosophien ist in den neunziger Jahren ein neues Konzept hervorgetreten, das auf Kleinheit setzt: die so genannte Schwarmintelligenz.

Während die alten Vorstellungen künstlicher Intelligenz in ihrer Maschinenversessenheit eher an monströse Artefakte wie Pyramiden oder Riesenstaudämme erinnern, steht bei der Schwarmintelligenz eine äußerst kleinteilige, wuselige Welt Pate. Es handelt sich um Insektenstaaten. Nun sind Termiten, Ameisen und Bienen einzeln, für sich genommen, dumm. Aber alle zusammen bilden sie ein beeindruckend organisiertes Ganzes, das im Verhältnis zur Körpergröße ihrer Mitglieder gewaltige Behausungen bauen kann. Ein Termitenhaufen ragt, gemessen an der Körpergröße einer einzelnen Termite, ähnlich hoch auf wie die Petronas Towers in Kuala Lumpur, das zweithöchste Gebäude der Welt (deren Architektur zufällig entfernt an solche Haufen erinnert). Und die Termiten haben keine Kräne und Bagger und andere Hightech-Bauwerkzeuge. Dabei sind sie sogar in der Lage, die Temperatur oder den Sauerstoffgehalt der Luft in dem Haufen genau zu regeln. Bienen können ein Navigationssystem aufspannen, dank dessen sich ein ganzer Bienenstock über Kilometer hinweg mit Nektar versorgen kann – ohne Funknetz oder Internet.

Das einzelne Insekt vermag also nichts, aber der ganze Schwarm alles. Er verfügt über eine gewisse Intelligenz, die sich nur aus dem Zusammenspiel vieler winziger Bienen- oder Termitenhirne ergibt. Das hat die französischen Wissenschaftler Eric Bonabeau und Guy Theraulaz so fasziniert, dass sie Anfang der neunziger Jahre begannen, daraus eine praktisch nutzbare Theorie zu entwickeln.

Der Verhaltensforscher Theraulaz hatte sich am Santa Fe Institute mit Insektenstaaten beschäftigt. Dieses Institut am Fuße der Rocky Mountains war damals eine der Geburtsstätten der so genannten Komplexitätstheorie, die so unterschiedliche komplexe Systeme wie Finanzmärkte, Organismen oder eben Insektenstaaten wissenschaftlich zu erfassen versucht. Als der Mathematiker Bonabeau, der eigentlich für die französische Telefonbehörde arbeitete, ihn dort bei einem Seminar traf, erzählte Theraulaz von seinen Insektenstudien, vor allem davon, wie Ameisenkolonien den kürzesten Weg zu einer Futterquelle finden.

Das ist bei einem Picknick immer wieder verblüffend. Wie schaffen es diese kleinen Tiere, eine halbe Stunde nachdem man sich mit einer Decke auf einer Wiese niedergelassen hat, zielstrebig eine Straße zur Melone zu bauen? Wer hat ihnen das gesagt? Die Antwort ist: niemand. Die Straße entsteht von selbst. Die erste Ameise, die bei ihrem ziellosen Umherschwärmen zufällig die Melone entdeckt hat, beißt ein Stück davon ab und kehrt damit zum Ameisenhaufen zurück. Eine zweite macht kurze Zeit später dasselbe, nimmt aber – ebenfalls zufällig – einen kürzeren Weg. Beide markieren ihren Pfad jeweils mit Duftmarken, Pheromone genannt. Wenn die erste Ameise beim Haufen ankommt, ist die zweite schon wieder bei der Melone. Ihr Weg hat also in derselben Zeit doppelt so viele Duftmarken abbekommen. Das ist das Signal für andere Ameisen, diesem Weg zu folgen. Mit jeder weiteren Ameise wird der Weg immer intensiver markiert, bis hier irgendwann reger Verkehr herrscht und keine Ameise mehr einen anderen Weg nimmt.

Bonabeau war sofort fasziniert davon: «Als ich wieder in Frankreich war, begann ich, die Ameisenmetapher auf das Routing anzuwenden, ein typisches Problem in Telekommunikationsnetzen.» Dort sind die Datenpakete virtuelle Ameisen. «Ich fand heraus, dass man die Übertragungswege von Nachrichten optimieren kann, wenn man virtuelle Ameisen virtuelle Pheromone an den Netzwerkknoten ablegen lässt.» Der Vorteil ist nun, grob gesagt: Anstatt in einem umfangreichen Programm den Verlauf aller Netzwerkverbindungen festzuhalten, um daraus mit großem Rechenaufwand die jeweils besten Wege ständig neu zu berechnen, baut man in die virtuellen Ameisen zwei Rechenoperationen ein. Nämlich virtuelle Pheromone zu deponieren und zu lesen. «Im Vergleich zu konventionellen Optimierungsmethoden reduziert man den Programmumfang auf ein Zehntel», sagt Bonabeau. Seit einigen Jahren wendet er das Konzept der Schwarmintelligenz mit großem Erfolg auf Geschäftsprozesse an. Transportunternehmen oder auch Personalmanager verbessern ihre Abläufe damit: Southwest Airlines zum Beispiel konnte damit die Zahl unausgelasteter Frachtflüge um 80 Prozent senken, weil die Maschinen auf den vorhandenen Transportrouten jetzt effizienter beladen werden.

Nur Science-Fiction?

Was hat die Schwarmintelligenz mit unseren Assemblern zu tun? Vielleicht eine ganze Menge. Nach Drexlers ursprünglichem Konzept sollten diese mit einem winzigen «Bordcomputer» ausgestattet werden, der Arbeitsanweisungen laden kann, aber auch seinen eigenen Bauplan speichert. Berücksichtigen wir die ernsthaften Versuche, Schaltkreise und Speicher zu konstruieren, die nur noch aus einem einzigen Molekül bestehen, klingt das nicht mehr ganz so abwegig wie auf den ersten Blick. Stellen wir uns einen ganzen Schwarm solcher Nanoreplikatoren vor, die untereinander kommunizieren können, kommt möglicherweise ein «künstlicher Ameisenstaat» heraus – auf jeden Fall aber der Plot für einen Bestseller.

Kurzweil'sche Maschinenevolution, Drexler'sche Nanotechnik und Bonabeau'sche Schwarmintelligenz sind die Zutaten, die Michael Crichton zu dem Thriller *Beute* verwoben hat. Darin produziert die fiktive Firma Xymos in einer abgelegenen Fabrik in der kalifornischen Wüste für das Pentagon Nanoreplikatoren. Die fliegen in Schwärmen umher und können per Funksignal so angeordnet werden, dass sie beispielsweise eine schwebende Spionagekamera bilden. Doch dann gerät die Intelligenz des Schwarms außer Kontrolle. In einer rasend schnell verlaufenden Evolution werden diese Schwärme immer intelligenter und attackieren schließlich Menschen und Tiere. Das Unheil kann nur mit der Zerstörung der Fabrik abgewendet werden.

Diese Geschichte hat der Nanotechnik in kürzester Zeit unglaubliche Popularität verschafft. Eine Popularität, die den Forschern und Ingenieuren des Winzigen überhaupt nicht angenehm ist. Könnte das passieren, haben sich Hunderttausende seitdem gefragt? Sind solche kleinen, sich vernetzenden Roboter möglich? Hören wir doch einmal, was Experten sagen.

«Es ist beunruhigend realistisch, soweit es um die Schwarmintelligenz geht und das, was da in naher Zukunft möglich werden könnte», gibt Eric Bonabeau zu, «die nanotechnischen Einzelheiten sind aber etwas weit hergeholt.» Thomas Christaller, einer der führenden deutschen Experten auf dem Gebiet der künstlichen Intelligenz, ist da skeptischer. «Schwärme auf Nanoebene runterholen? Das glaube ich nie», sagt der Leiter des Fraunhofer-Instituts für Autonome Intelligente Systeme. Er sehe nicht, wie so kleine Maschinen eine komplexe Informationsverarbeitung bewältigen könnten. «Es gibt ja auch keine Virenschwärme», hält er dagegen. «Die Natur ist nicht auf diese Idee gekommen.» Ansammlungen von vielen Zellen seien immer Organismen und damit das genaue Gegenteil des Schwarmkonzepts, denn die Zellen sind fest miteinander verbunden. Christaller glaubt nicht, dass es zwischen Einzellern und Vielzellern als dritten Lebenstypus Schwärme geben könnte.

Der Physiker Freeman Dyson hält Crichtons räuberische Schwärme aus anderen Gründen für unsinnig. Schon die einzelnen Roboter könnten nicht funktionieren. «Die Sonnnenergie, die auf eine so kleine Fläche fällt, genügt nicht, um ihre Bewegungen anzutreiben, selbst wenn wir annehmen, dass sie die magische Fähigkeit hätten, sie mit hundertprozentiger Effizienz zu nutzen», schrieb er in der *New York Review of Books*. Ebenso unmöglich sei, dass derartige Schwärme hinter davonrennenden Menschen herfliegen könnten, wie das in dem Buch wiederholt geschieht. «Der Strömungswiderstand in Luft oder Wasser wird immer größer, je kleiner ein Lebewesen ist», so Dyson. «Wenn Nanobots sich wie Insektenschwärme verhalten sollen, müssten sie auch so groß wie Insekten sein.»

Crichtons Schwärme werden wohl nur in Hollywood zum Leben erweckt werden, und auch dann nur im Rechner eines Studios für digitale Spezialeffekte. Aber sind wir damit alle Sorgen los? Oder lauern noch andere, reale Gefahren?

20 Der graue Schleim und andere Probleme

Jede moderne Großtechnologie hat ihren GAU, ihren größten anzunehmenden Unfall. Es ist eine Verknüpfung von unglücklichen Umständen und möglichen, aber eher unwahrscheinlichen technischen Fehlern, die zu einer tödlichen Katastrophe führen. Dass das keine theoretische Überlegung ist, die ein paar Techniker pflichtschuldig am Schreibtisch ausarbeiten sollten, um Politiker, Geldgeber und Öffentlichkeit ruhig zu stellen, wissen wir seit dem Unglück von Tschernobyl. Die Kernschmelze im Reaktorblock 4 des dortigen Atomkraftwerks am 26. April 1986 zeigte, dass ein GAU stattfinden kann. Schätzungsweise 70 000 Menschen sind bis heute an den Folgen des Unglücks gestorben, viele aufgrund der Strahlenschäden, die sie bei den Aufräumarbeiten auf dem Reaktorgelände erlitten. Auch wenn daran wesentlich Schlampigkeiten und eine unausgereifte Technik schuld waren – ein guter Teil der Katastrophe geht auf die der Atomkrafttechnik innewohnenden Eigenarten zurück. Aus angereichertem Uran bestehende Brennstäbe können in eine rasante Kettenreaktion aus Neutronenproduktion und Kernzerfall geraten. Verhindert wird dies zwar von einem dazwischengeschobenen Medium wie Cadmium oder Bor, das die Zahl der umherfliegenden Neutronen reduzieren kann. Aber der Uran-Brennstab selbst enthält die Möglichkeit der Katastrophe. Ein Neutronenfänger ist nur ein obendrauf gesetzter Schutzmechanismus.

Ein solcher GAU ist auch für die Nanotechnik früh an die

Wand gemalt worden – und zwar von niemand anderem als dem Nanoguru Eric Drexler selbst. 1986 beschrieb er in *Engines of Creation* neben all den Segnungen, die die molekulare Nanotechnik über die Menschheit bringen soll, auch gleich schon den Fluch. Es ist das «Grey Goo Problem», das Problem des grauen Schleims. Der Begriff bezeichnet den Amoklauf von Nanoreplikatoren, also winzigen Robotern, die eine Kopie ihrer selbst bauen können. Wir haben zwar in den beiden vorherigen Kapiteln gesehen, dass es unter Nanoforschern höchst umstritten ist, ob man solche Nanobots, ja überhaupt Assembler je wird bauen können. Aber betrachten wir dennoch einmal das Szenario, um eine Vorstellung davon zu bekommen, was Nanotechnik im extrem unwahrscheinlichen schlimmstmöglichen Fall anrichten könnte.

Der GAU der Nanotechnik

Nanoreplikatoren greifen Moleküle in ihrer Umgebung und zerlegen sie in Teile, die sie als Baugruppen für ihre eigene Kopie verwenden können. Weil sie von Molekularingenieuren so konzipiert wurden, dass sie vor allem Kohlenstoff, Stickstoff, Schwefel, Phosphor und andere Zutaten des Lebens brauchen, könnte es passieren, dass sie sich wie winzige, gefräßige Termiten über Organismen hermachen, die in ihre Nähe kommen. Natürlich sind sie dafür nicht gedacht. Sie sollen ja molekulare Fabrikarbeit leisten und aus sich selbst Teile makroskopischer Objekte schaffen, vielleicht für Häuser, Autos oder Raketen.

Was aber, wenn einige solcher Nanoreplikatoren durch einen Unfall aus ihrem Fabriklabor entweichen? Und das womöglich noch an mehreren Stellen gleichzeitig? Dann bestünde die Gefahr, dass sie ihren unersättlichen Appetit an der Wiese vor dem Fabrikgebäude auslassen, dann an den Bäumen am nahe gelegenen Waldrand, an Kaninchen, Vögeln, ja auch an nichts ahnenden Passanten. Weil sie auf maximale Effizienz hin konstruiert wurden, schaffen sie in atemberaubender Geschwindigkeit immer neue Kopien, die wieder Kopien schaffen und so weiter. Innerhalb kurzer Zeit haben sie schließlich die gesamte Biosphäre des Planeten Erde in Kopien ihrer selbst verwandelt – in einen «grauen Schleim» aus Myriaden Nanoreplikatoren. Das wäre das Ende der Evolution und des Lebens, wie wir es kennen.

Der eigentlich so euphorische Eric Drexler hat dieses Szenario so ernst genommen, das er 1986 zusammen mit seiner Frau Christine Peterson das bereits erwähnte Foresight Institute gründete (inzwischen in Foresight Nanotech Institute umbenannt). «Foresight» bedeutet nicht nur Vorhersehen, sondern auch Vorsehung, worin durchaus ein Element der Vorsorge mitschwingt. Das Institut, ein kleiner Think-Tank, der nicht experimentiert, sondern an Computern und Konferenzleinwänden arbeitet, versteht sich als eine wissende Avantgarde, die die Unausweichlichkeit der Nanotechnik erkannt hat und nun dafür Sorge tragen will, dass sie verantwortlich und sicher eingeführt wird. Zu diesem Zweck haben Drexler und seine Mitstreiter die «Foresight Guidelines on Molecular Manufacturing» verfasst. Darin heißt es zum Beispiel: «Künstliche Replikatoren dürfen nicht in der Lage sein, sich in einer natürlichen, unkontrollierten Umgebung zu replizieren.» Ob überhaupt Replikatoren hergestellt werden sollen, ist für die Foresight-Mitglieder keine Frage mehr. Sie machen sich nur noch Gedanken darum, wie und in welcher Umgebung diese betrieben werden. Eine weitere Richtlinie besagt: «Mutation ... außerhalb von hermetisch abgeschlossenen Laborbedingungen sollte nicht zugelassen werden.» Schon in seinem Buch *Engines of Creation* hat Drexler mit Nanobots arbeitende Fertigungsstätten als Hochsicherheitstrakte skizziert.

Das mag vernünftig erscheinen, ist aber doch ein wenig naiv. Gerade anhand der Kernkraft haben diverse Technikkritiker darauf hingewiesen, dass die Beherrschung einer potenziell sehr gefährlichen Technik politische Folgen hat, die nicht ganz so angenehm sind. Der kalifornische Reaktor Diablo Canyon sei ein «sehr gutes Beispiel für eine inhärent politische Technologie», schreibt Langdon Winner, Politikwissenschaftler am Rensselaer Polytechnic Institute in Troy, New York, in seinem 1986 veröffentlichten Buch *The Whale and the Reactor*. «Sein Betrieb erfordert ein autoritäres Management und extrem straffe Sicherheitsvorkehrungen. Es ist eine dieser in der modernen Gesellschaft immer weiter verbreiteten Strukturen, die so gefährlich und verwundbar sind, dass sie gut überwacht werden müssen.» Er fährt fort: «Insofern wir mit Kernkraft leben müssen, werden wir selbst zunehmend Gegenstand der Überwachung.»

Wer je in einem Atomkraftwerk oder einem Zwischenlager wie Gorleben zur Besichtigung war, kennt die Überwachungskameras, die Zäune und Gräben. Und jeder Castor-Transport müsste auch ohne jeglichen Protest von einem Polizeikontingent begleitet werden, um die Bürger vor der strahlenden Fracht zu schützen. Einmal abgesehen davon, dass sich solche Bilder mit unserer Vorstellung einer offenen, demokratischen Gesellschaft nur schwer vertragen, hat man so die Gefahr noch nicht gebannt. Sie ist nur auf einen Punkt konzentriert. Die Möglichkeit eines GAUs verschwindet damit aber noch nicht.

Dem früheren Chefentwickler von Sun Microsystems, Bill Joy, gehen denn auch die Vorsichtsmaßnahmen, wie das Foresight Institute und andere sie vorschlagen, nicht weit genug. «Manche Zweige der Nanotechnologie sind derart gefährlich, dass ich sie auf der Erde überhaupt nicht entwickeln würde – vielleicht auf dem Mond oder anderswo, weit weg», sagte er im Interview mit der *Frankfurter Allgemeinen Zeitung*. Joy hat sich in der Nano-Community den Ruf der Kassandra und des Spielverderbers erworben. Im April 2000 veröffentlichte er – als Außenstehender, denn er entwickelt Software, keine Nanotechnik – im amerikanischen Computer-Glamourmagazin *Wired* einen Aufsatz mit dem düsteren Titel «Warum die Zukunft uns nicht braucht». Seine Argumentation richtete sich nicht gegen vorhandene Nanotechnik, sondern gegen denkbare. Es waren die Nanobots, der Grey Goo und andere Schocker aus dem Repertoire der Künstliche-Intelligenz-Forschung und Biotechnik, die ihn plagten. In dem Text forderte er zum ersten Mal einen, wenigstens vorübergehenden, Forschungsstopp, um erst einmal einen Überblick über das Ausmaß der Risiken zu bekommen.

Ein bisschen Goo oder doch ganz Goo?

Nehmen wir einmal an, der Irrwitz der menschlichen Tüftelei würde in einigen Jahrzehnten tatsächlich einen Nanoreplikator zustande bringen. Und angenommen, dieser entweicht aus dem Labor in die Wildnis der kalifornischen Wüste, der russischen Taiga oder des Hinterlands von Shanghai. Würde ein Replikator allein die Grey-Goo-Lawine in Gang setzen können? Robert A. Freitas, einer der Theoretiker aus dem Foresight-Lager, hat versucht, das Ausbreitungstempo von Replikatoren, die sich von Biomasse ernähren können, einmal abzuschätzen.

Sein Nanoraubtier besteht aus 70 Millionen Atomen, das einem Gigadalton und damit dem Molekulargewicht einer Bakterie entspricht. Diese sind die schnellsten natürlichen Replikatoren auf Erden: In 15 bis 20 Minuten haben sie eine Kopie ihrer selbst angefertigt. Unser fiktiver Replikator soll sich gar in gut anderthalb Minuten verdoppeln können. Dann würde er etwas mehr als zwei Stunden brauchen, um die gesamte Biomasse der Erde umzuwandeln – unter der Voraussetzung, dass sie ihm und seinen Abkömmlingen auf einen Schlag zur Verfügung stünde.

Das aber tut sie nicht: Denn die Biomasse überzieht die Erde als dünne «grüne» Schicht mit einem Durchmesser von immerhin 12 800 Kilometern. Um einmal um den Äquator zu kommen, muss der graue Schleim rund 40 000 Kilometer zurücklegen. Schafft er es, sich mit 10 Metern pro Sekunde auszubreiten, würde es schon über 23 Tage dauern, bis die Erde eine graue Haut hätte.

Freitas findet noch weitere Einschränkungen. Die Energie, die ein im Wesentlichen aus Kohlenstoff bestehender Replikator aus den Organismen ziehen müsste, ist wesentlich höher als die in diesen gespeicherte chemische Energie. Holz würde bespielsweise nur ein Zehntel dessen hergeben, was der Kohlenstofffresser braucht. Der Replikationsvorgang würde nach einiger Zeit ins Stocken geraten, so wie ein Lagerfeuer irgendwann nur noch glimmt, nachdem die Holzscheite anfangs noch lichterloh gebrannt haben.

Etwas anders sieht die Situation aus, wenn der Nano-GAU an mehr als einem Ort gleichzeitig ausbricht. Freitas hat auch dies durchgerechnet. Bei 100 Grey-Goo-Herden, die auch noch alle optimal gleich weit voneinander entfernt sind, würde sich die Umwandlungszeit von 30 auf 3 Tage verkürzen. Bei 1 Million Herden wären es 40 Minuten, bei 10 Milliarden nur noch 20 Sekunden – die Erde wäre dann wie ein Streichholz abgebrannt.

So unterschiedlicher Meinung die Szene der Nanotechnik-Forscher und -Entwickler hinsichtlich der Machbarkeit von Assemblern oder gar Replikatoren ist, einig sind sie sich zumindest darin, dass das Grey-Goo-Szenario Quatsch ist. Für die Realisten stellt sich das Problem erst gar nicht: Assembler wird es nicht geben. Für die Futuristen ist es konstruiert.

Ralph Merkle kann die ganze Aufregung über einen «Grey Goo» oder einen Plot wie in Crichtons *Beute* überhaupt nicht verstehen. Er ist überzeugt davon, dass wir eines Tages Assembler bauen werden, aber sie können nicht Amok laufen. Ihr Design lasse das nicht zu, argumentiert Merkle: «Replikation ist nicht gleich Leben.» Denn die Nanobots würden zur Sicherheit auf einem so genannten Broadcast-Konzept basieren: «Anstatt den Bauplan an Bord der Replikatoren zu speichern, würde man ihnen einen Empfänger einbauen. Der würde den Instruktionen lauschen, die man ihm per Radiowellen übermittelt», erläutert Merkle das von ihm vorgeschlagene Sicherheitskonzept. «Wenn Sie diese Teile in der Toilette runterspülen würden, wären sie zerstört.» Und fügt lächelnd, mit hochgezogenen Augenbrauen, hinzu: «Wir wollen auch gar keine lebenden Systeme bauen. Wo ist der ökonomische Anreiz dazu?»

Auch der Technikguru Ray Kurzweil hält nichts von all den düsteren Szenarien – und erst recht nichts von Vorschlägen, die Entwicklung von Assemblern und Replikatoren von vornherein gesetzlich zu verbieten. Sein Gegenargument: «Nanotechnik ist unausweichlich. Da viele ganz verschiedene Technologien in ihrer Größe schrumpfen, müsste man fast alle Technik aufgeben, um Nanotechnik zu stoppen.» Solch ein «totalitärer Weg» würde nur zu politischen Instabilitäten führen. Er sieht auch keinen Grund für Pessimismus: «Wir können eine gewisse Zuversicht aus dem Erfolg ziehen, den wir bereits im Umgang mit einer neuen Form eines nichtbiologischen, sich selbst replizierenden Wesens gehabt haben: dem Software-Virus.» Dagegen habe sich ein Immunsystem aus Anti-Viren-Programmen entwickelt, das erstaunlich gut funktioniere und den Schaden auf dem Niveau eines «Ärgernis» halte, so Kurzweil. Und das ganz ohne irgendwelche Vorschriften. Die Softwareindustrie habe das Problem von selbst gelöst. Was hier erfolgreich war, sollte auch für die Nanotechnik genügen.

Drexler selbst hat die Bedenken allerdings so ernst genommen, dass er 2004 von seinem ursprünglichen Konzept abgerückt ist. «Die Forschungsergebnisse der vergangenen zehn Jahre zeigen, dass im Gegensatz zu früheren Überlegungen Selbstreplikation nicht notwendig für eine molekulare Nanotechnik ist», beschwichtigt er. Stattdessen schwebt ihm nun ein wesentlich simpleres System vor: Ein molekularer «Fabricator», in dem zahllose «dumme» Nanogreifarme in einer kleinen Box, etwa auf einem Tisch, Gegenstände aus Atomen und Molekülen zusammenbauen. «Die typische Produktionseinheit molekularer Nanotechnik ist deshalb von makroskopischen Dimensionen und nicht mobiler als ein Drucker», so Drexler.

Ist also alles in Ordnung? Nicht ganz.

Die Partikeldebatte

Da ist doch noch etwas, sagt die ETC Group (kurz für: Action Group on Erosion, Technology and Concentration) aus Kanada. Im Sommer 2002 fordert auch sie einen Forschungsstopp. Sie sorgt sich nicht so sehr um Nanoroboter, sondern um Nanopartikel, jene Zutaten, die selbstreinigenden Schichten (Kapitel 12), neuen Solarzellen (Kapitel 16) und vielen praktischen Anwendungen der chemischen Nanotechnik ihre Eigenschaften verleihen. Im April 2003 bekräftigt sie ihre Forderung in einem weiteren Positionspapier, im Juni organisiert sie in Brüssel beim EU-Parlament eine Informationsveranstaltung zu den Risiken, und im Juli reiht sich gar Greenpeace in die Phalanx der neuen Kritiker ein. Damit wird die Nanotechnik-Debatte, die mit Bill Joys düsterem Artikel begonnen hatte, vom Kopf auf die Füße gestellt. Dieses Mal wird über Fakten und nicht über Science-Fiction gestritten.

Wie wir gesehen haben, sind Nanopartikel dank ihrer «Größe» unter anderem hervorragende Katalysatoren für chemische Prozesse. Das kann in einer antibakteriellen Beschichtung im Krankenhaus ein Segen sein – in einer ganz anderen, womöglich biologischen Umgebung ein Fluch. Weil Nanopartikel so klein sind, können sie im Prinzip auch in Zellen eindringen. Das lässt sich nutzen, um dort Krebszellen zu bekämpfen. Was aber, wenn sie die falschen Zellen entern? Und was ist mit den «Nanotubes» aus Kohlenstoff, die uns in den nächsten Jahren fast überall begegnen werden, in Computerchips, Sensoren oder Fernsehmonitoren, ja selbst im Autolack?

Zwar wissen die Forscher recht gut, was sie mit Nanoteilchen alles machen wollen, aber noch wenig, welche Effekte diese in freier Wildbahn haben könnten. «Wir mussten erstaunt feststellen, dass es in einem Forschungsgebiet, das 12 000 Zitate pro Jahr vorweisen kann, weder Modelle zur Risikobewertung noch toxikologische Studien zu synthetischen Nanomaterialien gab», hat Vicki

Colvin über den Start von CBEN, dem Center for Biological and Environmental Nanotechnology an der Rice University in Houston, vor zwei Jahren gesagt. CBEN ist inzwischen zu einer der führenden Forschungseinrichtungen für Nanorisiken geworden. Eine Studie des Johnson Space Center der NASA konstatierte vor einiger Zeit bei Mäusen Schäden in Lunge und Darm, nachdem man diese Nanotubes in der Luft ausgesetzt hatte. «Ist dies das neue Asbest?», fragt Mark Wiesner vom CBEN, der sich mit den Röhrchen beschäftigt. In der Tat ähneln sich beide Materialien darin, dass es sich um lange, dünne Fasern handelt.

«Als wir 1994 die These präsentierten, dass ultrafeine Teilchen unter 100 Nanometer Durchmesser zu gesundheitlichen Schäden führen könnten, wurde das mit freundlicher Skepsis bis hin zu rigider Ablehnung aufgenommen», sagt Günther Oberdörster. Der Toxikologe an der Universität Rochester im US-Bundesstaat New York erforscht seit über 30 Jahren die Wirkungen kleinster Partikel. Zusammen mit anderen Toxikologen hat er in Rattenversuchen gezeigt, dass ultrafeine Teilchen aus der Lunge in die Leber gelangen.

Auch die Buckyballs, die winzigen Kohlenstofffußbälle, haben es in sich. Die US-Chemikerin Eva Oberdörster, Tochter des deutschstämmigen Toxikologen, machte 2004 mit einer beunruhigenden Entdeckung Schlagzeilen. Sie hatte in ein 10-Liter-Aquarium Buckyballs hineingegeben. Die Dosis betrug dabei 500 Teilchen auf eine Milliarde Wassermoleküle. 48 Stunden später stellte sie bei den Fischen im Aquarium Hirnschäden fest.

Und Vicki Colvin fand heraus, dass Buckyballs auch Leber- und Hautzellen schädigen können. Sie hatte entsprechende Zellkulturen 48 Stunden verschiedenen Konzentrationen von Buckyballs ausgesetzt. Ergebnis: Eine Konzentration von nur 20 Teilchen pro Milliarde Lösungsmoleküle tötet die Hälfte der Zellen in der Kultur ab. Erst als sie an den Oberflächen der Buckyballs verschiedene Molekülgruppen anlagerte, nahm deren toxische Wirkung ab.

Der Toxikologe Paul Borm vom Düsseldorfer Institut für Umweltmedizin verweist darauf, dass selbst «chemisch träge Materialien reaktionsfreudig werden, wenn man sie kleiner macht». Titandioxid, das in vielen Sonnencremes als UV-Blocker vorkommt, ist ein Beispiel: Versuche hätten gezeigt, dass 20 Nanometer große TiO_2-Teilchen zu Entzündungen in Rattenlungen führten, während dieselbe Menge von 250 Nanometer großem TiO_2 keine Wirkung gezeigt habe, so Borm.

Hat die ETC Group also Recht? Ganz so klar ist der Fall nicht. Bei den weithin beachteten Nanotube-Versuchen der NASA habe man den Mäusen eine «irrsinnig hohe Dosis» verabreicht, räumt Oberdörster ein. Auch habe man in verschiedenen Versuchen feststellen können, dass sich anfängliche Schädigungen aufgrund hoher Konzentrationen nach einiger Zeit wieder zurückbildeten. Die große Frage sei aber: «Wie kommen Nanopartikel überhaupt in die Luft?»

Bislang werden Kleinstteilchen von führenden Herstellern wie dem Institut für Neue Materialien in Saarbrücken bei Nanowerkstoffen in einen Träger oder eine Flüssigkeit eingebettet. «Dass sich das eine oder andere Teilchen als ungünstig erweist, das lässt sich bei der nasschemischen Verarbeitung hundertprozentig vermeiden», sagt INM-Chef Helmut Schmidt. «Die Substanzen müsste man mit hohem Energieeinsatz zerkleinern, um die Nanopartikel wieder herauszubekommen.»

Das ebenfalls viel zitierte Titandioxid in Sonnencremes lässt sich kaum inhalieren. Wie sieht es mit einer Kontaminierung über die Haut aus? «Wir haben umfangreiche Untersuchungen mit Hilfe der Elektronenmikroskopie gemacht, die zeigen, dass diese Nanopartikel nicht in die Haut eindringen», versichert Ulrich Hintze, Leiter der analytischen Forschung beim Pharmakonzern Beiersdorf, der entsprechende Lotionen produziert. Diese und andere Forschungsergebnisse haben das zuständige wissenschaftliche Komitee der Europäischen Kommission veranlasst – analog zur Food and Drug Administration in den USA –, Titandioxid als UV-Filtersubstanz offiziell zuzulassen, so Hintze. Untersuchungen des Physikers Tilman Butz von der Universität Leipzig im Rahmen des EU-Forschungsprojektes NANODERM haben ebenfalls gezeigt: Titandioxidpartikel von nur 20 Nanometern Durchmesser dringen nur in die obersten Hautschichten ein. Tiefer als fünf Mikrometer kommen sie nicht.

Günther Oberdörster hält denn auch nichts von der These, Wissenschaftler würden das Problem auf die leichte Schulter nehmen. «Es wird nicht wie wild drauflosgeforscht. Mein Eindruck von Fachkongressen ist, dass sich die Ingenieure sehr dafür interessieren, wie toxisch Nanopartikel sind.» Da ist es vielleicht kein Zufall, dass Oberdörster von der ETC Group nur einmal am Rande erwähnt wird. Hat er die richtigen Argumente, aber die falsche Schlussfolgerung? Denn für einen Forschungsstopp kann er sich nicht begeistern.

Die Nanotechnik ist, gemessen an öffentlichen Forschungsgeldern, sicherlich «the next big thing» nach Internet und Biotechnik. Rund zwei Milliarden Euro haben die Regierungen der Industriestaaten im vergangenen Jahr dafür ausgegeben. Schaut man sich die Veröffentlichungen der ETC Group an, kann man sich des Eindrucks nicht erwehren: Wo so viel Geld im Spiel ist, drängen nicht nur Investoren hin – auch NGOs (Nichtregierungsorganisationen) mögen da nicht abseits stehen. Um etwas auf die Tube zu drücken, hat die ETC Group die Nanotechnik nämlich flugs in «Atomtechnology» umgetauft. Das klingt ganz vertraut nach Gefahr – muss man da nicht einen Riegel vorschieben?

Man kann ihn nicht vorschieben. In diesem Fall muss man dem ewig optimistischen Ray Kurzweil zustimmen: Nanotechnik ist, wie wir gesehen haben, im Unterschied zu Computertechnik oder selbst Biotechnik nicht einfach nur ein neuer «Zweig der Technik». Es ist eine konsequente Fortsetzung der seit langem fortschreitenden Miniaturisierung und zugleich ein Vorstoß in den Nanokosmos, an dem sämtliche naturwissenschaftlichen Disziplinen teilnehmen. Ein Forschungsstopp aufgrund der ultrafeinen Teilchen, die die chemische Nanofraktion im Labor erzeugt, träfe auch Physiker wie Roland Wiesendanger, der mit seinen Rastersonden Oberflächen erkundet, Techniker wie Tom Albrecht, der mit dem Millipede einen neuen Speicher konstruiert, oder Chemiker wie Jim Heath, die die Proteinnetzwerke in Zellen erkunden. All das ist auch Nanotechnik, ohne dass Nanopartikel im Spiel wären.

So besehen umweht die Kampagne der ETC Group ein Hauch des Brent-Spar-«Skandals», in dem Greenpeace Mitte der Neunziger mit voreiligen Verdächtigungen seine Glaubwürdigkeit lädiert hatte. Manch einer in Forschung und Industrie hat auf den ETC-Vorstoß mit einem gewissen Sarkasmus reagiert. Doch genau diese Haltung hat in den neunziger Jahren dazu geführt, dass Gentechnik-Firmen in der Öffentlichkeit ihre Glaubwürdigkeit verloren und später nicht mehr zurückgewinnen konnten. Helmut Schmidt vom INM mahnt denn auch: «Der Delinquent ist so lange schuldig, als seine Unschuld nicht bewiesen ist. Das ist genau umgekehrt wie in der Juristerei. Man muss den Nachweis führen, dass diese Dinge nicht gefährlich sind, und wenn man ihn noch nicht geführt hat, muss man sich dessen einfach bewusst sein.»

Im Frühjahr 2003 veranstaltete der Wissenschaftsausschuss des US-Repräsentantenhauses eine Anhörung zu den Möglichkeiten und Folgen der Nanotechnik. Dazu lud er nicht nur die Creme der dortigen Nanoszene ein. Auch Skeptiker unterschiedlicher Couleur kamen zu Wort. Einer von ihnen war der Technikkritiker Langdon Winner. Winner stellte am Ende seines Vortrags eine ketzerische Frage: «Warum beziehen wir nicht die Öffentlichkeit frühzeitig in Beratungen über die Nanotechnik ein, anstatt auf die Reaktionen zu warten, wenn die Produkte auf den Markt kommen?» Er präsentierte auch gleich einen Vorschlag: nämlich landesweite «Kommissionen normaler, unbefangener Bürger» einzurichten, die – nach dem Vorbild von Geschworenen – Experten befragen, sich

Forschungsergebnisse erklären lassen und daraus Empfehlungen für den Umgang mit der neuen Technik formulieren.

Zwei Jahre dauerte es, bis Winners Vorschlag erstmals in die Tat umgesetzt wurde. Im Mai 2005 riefen die britische Sektion von Greenpeace und die britische Tageszeitung Guardian gemeinsam mit Wissenschaftlern der Universitäten Cambridge und Newcastle die «Nanojury» zusammen: 20 Bürger, die sich fünf Wochen lang von Wissenschaftlern, Unternehmern und Kritikern über Nanotechnik unterrichten ließen. Im September 2005 sprachen die Geschworenen dann ihr «Urteil». «Wenn öffentliche Gelder fließen, sollten sie in langfristige Themen wie Gesundheit und Umweltprobleme gehen», rieten sie. Vor allem solle die Entwicklung neuer Technologien der Solarenergie gefördert werden. Und, fügten sie hinzu: «Künstlich hergestellte Nanopartikel sollen vor einer Freisetzung in einer kontrollierten Umgebung getestet werden, als ob es sich um neue Stoffe handelt, und klar gekennzeichnet werden.» Damit folgte die Jury der Empfehlung, die bereits die britische Royal Society sowie der Rückversicherungskonzern Swiss Re ein Jahr zuvor ausgesprochen hatten. Zuletzt teilten die Bürger noch eine leichte Ohrfeige aus: «Wissenschaftler sollten ihre Kommunikationsfähigkeiten verbessern.» Nun werden sich manche fragen, ob Nichtexperten nach einem fünfwöchigen Crashkurs das Thema Nanotechnik wirklich beurteilen können. Für den Physiker Richard Jones, der dem wissenschaftlichen Beirat der Jury vorstand, fiel die Antwort eindeutig aus: «Man muss kein Experte sein, um tiefgehende Fragen zu stellen.» Jim Thomas von der ETC Group, der als Vertreter der Kritiker geladen war, fand gar, dass die Laien aus der Jury «bessere Fragen gestellt haben, als es etablierte Wissenschaftsgremien je tun».

Nanotechnik hat den Anspruch, revolutionär zu sein. Indem ihre Verfechter den Menschen in solchen öffentlichen Foren Rede und Antwort stehen, können sie es eindrucksvoll unter Beweis stellen.

21 Wohin, wohin?

An dieser Stelle ist es durchaus möglich, dass uns der Kopf schwirrt. Was von all diesen Prototypen und fixen Ideen wird unser Leben in 20, 30 oder 50 Jahren wirklich prägen? Der berühmte Niels Bohr hat einmal gesagt: «Vorhersagen sind immer schwierig – vor allem über die Zukunft.» Nicht alle klugen Köpfe der vergangenen Jahrzehnte hatten diesen scharfsinnigen Humor. Einige haben Prognosen von sich gegeben, die uns heute so absurd vorkommen, dass man laut loslachen möchte.

Heinrich Hertz, der Entdecker der Radiowellen, meinte 1884: «Radiowellen werden nie ernsthaft für Kommunikationszwecke einsetzbar sein.» Der Mathematiker Henri Poincaré war 1901 schon etwas vorsichtiger: «Radiowellen können den Atlantik nicht überqueren.» Noch im selben Jahr gelang Guglielmo Marconi die erste transatlantische Funkübertragung.

Der respektable Lord Kelvin äußerte noch 1895: «Flugmaschinen, die schwerer sind als Luft, sind nicht möglich.» Als sich das erledigt hatte, orakelte die Zeitschrift *Science Digest* 1948 immerhin: «Eine Landung und Operationen auf dem Mond stellen uns vor so viele schwerwiegende Probleme, dass es wohl 200 Jahre dauert, bis wir sie gelöst haben.»

Kurze Zeit vorher, 1943, hatte der damalige IBM-Chef Thomas Watson den wohl bekanntesten Flop formuliert: «Meines Erachtens gibt es einen Weltmarkt für vielleicht fünf Computer.» Ken Olson, Gründer des Computerherstellers Digital Equipment Corporation, meinte 1977: «Es gibt keinen Grund, warum Menschen zu Hause einen Computer haben sollten.» Das glaubte Bill Gates zwar nicht, und die Entwicklung gab ihm Recht. Aber 1981 äußerte er folgenden Satz: «640 000 Bytes Speicherkapazität sollten jedem genügen.» 640 Kilobytes? Das reicht nicht mal für eine Minute Musik in digitalisierter Form.

Wenn Experten so falsch liegen, sind dann die Prognosen der

phantasievolleren Köpfe ernster zu nehmen? Haben Eric Drexler oder Ray Kurzweil vielleicht doch Recht: Die Assembler kommen, die Maschinen übernehmen die Welt?

So einfach ist das nicht. Es lassen sich nämlich auch unsinnige Prognosen finden, die zu Recht nie eingetreten sind. Mitte des 20. Jahrhunderts kamen vor allem in den USA Think-Tanks wie die Rand Corporation in Mode. Das waren mit hochkarätigen Wissenschaftlern besetzte Gruppen, die versuchten, Zukunftstrends vorauszuberechnen. Dabei kam dann so etwas heraus: Heute, kurz nach der Jahrtausendwende, können wir Hurrikans verhindern und Bodenschätze mit nuklearen Sprengsätzen aus der Erde holen, jedes Kind der Welt geht zur Schule, Wissenschaftler jetten durchs Sonnensystem auf der Suche nach neuen Rohstoffen, das Bruttosozialprodukt der Sowjetunion ist höher als das der EU, und es gibt gegen jedes erdenkliche Virus die passende Impfung. Diese Prognosen fußten alle auf ausgefeilten Hochrechnungen.

Sie seien aber nicht viel mehr als der Versuch gewesen, «mit Hilfe des Rückspiegels vorwärts zu fahren, während alle anderen Scheiben des Autos zugeklebt sind», beschreibt Eckard Minx das Problem, Leiter des Think-Tanks «Forschung, Technik und Gesellschaft» bei Daimler-Chrysler und selbst ein Experte für das Aufspüren von Trends. «Die Vergangenheit determiniert nicht die Zukunft», formuliert Minx eine der Grundweisheiten der neuen seriösen Zukunftsforschung.

Ein Blick in die Kristallkugel

Solche Flops sind natürlich auch den Nanoforschern bekannt, und sie werden recht einsilbig, wenn man sie fragt, wie sich die Nanotechnik entwickeln wird. Kann man denn keine sinnvolle Aussage treffen über das, was kommen wird? Heutige Zukunftsforscher machen etwas anderes: Sie entwerfen mögliche Szenarien. Das sind keine Prognosen. Natürlich müssen sie dabei auch Trends hochrechnen, die sie dann in mehr oder weniger komplizierte Computermodelle eingeben. Aber das Ergebnis gilt nur unter der Annahme, dass bestimmte Entwicklungen eintreten. Jedes so gewonnene Szenario ist denkbar – aber wie wahrscheinlich es ist, wird man nicht mehr ernsthaft angeben. Denn ungeachtet aller Computermodelle gibt es immer einen Punkt, an dem der gesunde Menschenverstand mit in das Modell eingeht.

«Gegenwärtig ist die Nanotechnik noch im Frühstadium» – diese Einschätzung der amerikanischen National Science Foundation in der Einleitung zu ihrer breit angelegten Expertenbefragung von 2001 hat nach wie vor Bestand. Zwar gibt es weltweit schon mehr als 700 Unternehmen, die an nanotechnischen Verfahren und Produkten arbeiten. Einige davon sind große Konzerne aus der Computer- und aus der chemischen Industrie, viele sind junge Ausgründungen aus Universitäten und Forschungsinstituten. Aber wir können noch keine Produkte kaufen, die es ohne Nanotechnik nicht gäbe. Die Situation ähnelt vielleicht der der Informationstechnik Ende der sechziger Jahre. Den Computer als Alltagsgerät gab es noch nicht, und das Internet verband nur ein paar Universitäten.

Um von solch einem frühen Stadium weiterzukommen, genügen Visionen nicht. Die Entwicklung hängt von einigen wichtigen Faktoren ab: Kapital, technischen Durchbrüchen, der Verbreitung nanotechnischen Know-hows und der Zustimmung der Öffentlichkeit zu der neuen Technik. Versuchen wir zum Schluss, aus ihrem Zusammenspiel und mit unserem gesunden Menschenverstand einfach mal drei Szenarien zu skizzieren.

Szenario 1: Die Nanogesellschaft

Die Futuristen behalten Recht. Den Nanoforschern gelingen in rascher Folge weitere bahnbrechende Erfindungen, die die Investitionen auf neue Rekordwerte treiben. Schließlich schafft ein Startup in Kalifornien die erste Drexler'sche Mechanosynthese eines kleinen Goldwürfels von einem Millimeter Kantenlänge. Die gesamte industrielle Produktion wird nun von Grund auf umgekrempelt. Zappen wir direkt in Neal Stephensons Roman *Diamond Age* hinein, in dem die Geschwister Nell und Harv durch eine Stadt in der Nanogesellschaft des 21. Jahrhunderts ziehen:

«‹Was sollen wir tun?› [fragte Nell.] Harv machte ein Gesicht, als wollte er lieber nicht darüber reden. ‹Besorgen wir uns erst mal ein bißchen Gratiszeug.› … Sie gingen zu einem öffentlichen Materie-Compiler an einer Straßenecke und suchten sich etwas vom Gratismenü aus: Kartons mit Wasser und Nährbrühe, verpacktes Sushi aus Nanosurimi und Reis, Schokoriegel und Päckchen, etwa so groß wie Harvs Hände, die man zu großen, raschelnden, metallbeschichteten Decken aufklappen konnte …»

Innerhalb weniger Minuten werden das Essen und die Decke aus Atomen und Molekülen zusammengebaut, die aus einer der vielen, die Stadt durchziehenden Versorgungsleitungen herbeigeschafft werden. Nahezu jedes Produkt wird auf diese Art zu Hause oder in Fabriken hergestellt. Nur die Oberschicht gönnt sich noch den Luxus von Möbeln aus «echtem» Holz oder Kleidern aus «echter» Baumwolle. Stephensons *Diamond Age* von 1995 ist sicher der nanotechnische Science-Fiction-Roman schlechthin. Er erfüllt die oft blutleeren «Visionen» heutiger Nanogurus mit mehr Leben, als diesen lieb sein dürfte. Denn die Nanotechnik hat in der Romanwelt auch zum Bau so genannter «Milben» geführt. Das sind winzige Aufklärungsdrohnen, die durch die Stadt und manchmal auch durch die Körper schwirren. Sie verfolgen das Leben lückenloser und im wahrsten Sinne des Wortes «eindringlicher» als die Tausenden von Kameras, die heute eine Metropole wie London überwachen.

«Science-Fiction-Autoren haben oft ein gutes Gespür für die Risiken von Technologien. Ihre Fragestellungen treffen die Eigenarten des Menschen besser», sagt Karlheinz Steinmüller vom Gelsenkirchener Sekretariat für Zukunftsforschung, der selbst Science-Fiction-Autor ist. «Und sie müssen auch den Alltag in der Zukunft beschreiben.»

Neal Stephenson macht in seinem Roman mehr als das: Er skizziert die Veränderung der Gesellschaft durch die Nanotechnik. Denn eine technische Revolution ändert nicht nur Produkte und Herstellungsverfahren. Sie wird auch zum Modell für gesellschaftliche Ordnung, was wir schon in der Gegenwart beobachten können. Das Netzwerk als Symbol der Internetgesellschaft hat flache Hierarchien in Unternehmen endgültig salonfähig gemacht, nachdem sie zunächst nur als Mode erschienen waren. Stephenson hat sehr scharfsinning die wahre Bedeutung der Drexler'schen Assemblertechnik erkannt, die den Materie-Compilern in *Diamond Age* zugrunde liegt. Diese ist nämlich mit dem Weltbild des 19. Jahrhunderts verwandt. Damals war die Mechanik die Leitwissenschaft gewesen und mit ihr die Idee, alles sei bis ins Letzte berechenbar und kontrollierbar. Auch Drexler setzt auf Mechanik, und er betont in seinen Schriften stets, dass in der Mechanosynthese alle Atome kontrollierbar seien. Was macht Stephenson daraus? Er erfindet passend dazu eine neoviktorianische Klassengesellschaft, die ihre Wurzeln im 19. Jahrhundert sieht und voller Abscheu auf das liberale 20. Jahrhundert zurückblickt. Stephensons unterschwellige Botschaft: So faszinierend die Erschaffung von Gegenständen aus dem scheinbaren Nichts für uns auch sein mag, man wird einen Preis dafür zahlen müssen – die Renaissance sozialer Hierarchien. Jeder hat unverrückbar an seinem Platz zu sein wie ein Atom im Drexler'schen Assembler.

Szenario 2: Nano? Nein danke!

Die Entwicklung der Nanotechnik schreitet mit Siebenmeilenstiefeln voran. Forschern und Ingenieuren ist es gelungen, zwei vielversprechende «hybride», also aus Biologie und Physik kombinierte Technologien für neue Computerbausteine zu entwickeln. Mit maßgeschneiderten Viren oder mit DNS-Gerüsten können sie bis auf ein, zwei Nanometer genau molekulare Schaltkreise auf Siliziumchips positionieren. Die ersten Prozessorhersteller bauen Produktionslabore, in denen sie die neuen Verfahren zur Marktreife bringen wollen. Statt der aufwendigen Photolithographie in Reinraumkammern soll die übernächste Chipgeneration im Reagenzglas entstehen. Doch dann bekommt die Presse einen internen Bericht zugespielt: In einem dieser neuen Labore sind ein paar Ratten an einer unerklärlichen Krankheit gestorben. Obwohl vieles darauf hindeutet, dass dies nichts mit den neuen Produktionsviren zu tun hat, blocken die Verantwortlichen weitere Informationen mit dem Hinweis auf Patentschutz ab.

Der Fall entwickelt sich zum PR-GAU. Industriekritische Gruppen fordern rückhaltlose Aufklärung und starten eine breite Kampagne. Politiker kündigen an, Forschungsgelder bis zur Klärung des Vorfalls einzufrieren. Die öffentliche Stimmung kippt: «Nano? Nein danke» wird zum Schlagwort des Jahres. Patienten weigern sich plötzlich, neue Medikamente zu nehmen, die die Hersteller als nanotechnisch verbessert vermarktet haben. Aktivisten belagern Industrielabore, während Forscher vor Fernsehkameras Unbedenklichkeitserklärungen abgeben.

Das mag nach einem billigen Filmplot klingen – abgeschrieben von der Auseinandersetzung um die Gentechnik. Doch über den Erfolg der Nanotechnik entscheiden in letzter Instanz die Konsumenten. Sicher, der Streit um «Grey Goo», den grauen Assemblerschleim, war zu lebensfern und die Debatte um Nanopartikel letztlich zu konstruiert, um die ganze Technik in Verruf zu bringen. Das bedeutet aber nicht, dass damit alle denkbaren Risiken abgehandelt worden wären. Selbst wenn es jahrelang keine Probleme geben wird: Beim ersten wirklichen Zwischenfall wird die gesamte Nanotechnik auf die Anklagebank gesetzt. Für diesen Fall sollte sich die Nano-Community rechtzeitig vorbereiten. Denn, meint

Hermann Gaub: «Es ist wichtig, mit potenziellen Risiken aktiv umzugehen und sich nicht drängen zu lassen. Man sollte mindestens einige Pilotstudien angehen, damit man nicht blank dasteht.»

Szenario 3: Viel Lärm um nichts

Nanotechnik ist überall, aber wir nehmen sie kaum wahr. Sie ist dezent im Hintergrund geblieben. Autos haben serienmäßig kratzfesten und Wasser abweisenden Lack. Nanokatalysatoren in der Ölraffinerie, winzige Einspritzdüsen in Motoren und leichtere Karosserien aus Nanokompositen haben den Spritverbrauch von Autos dramatisch gesenkt. Die Ölvorräte halten länger, die Ölindustrie hat ein zweites Leben geschenkt bekommen. Nanosolarzellen haben zwar herkömmliche Solarzellen abgelöst, sind aber ein Nischenprodukt geblieben. Der Pentium 8 hat Schaltkreise von nur 25 Nanometer Breite, und seine Mobilvariante im Universalkommunikator hat das Internet «überall und jederzeit» wahr werden lassen. Im Café sitzend, laden wir aus einem Mobilfunknetz der sechsten Generation Videosingles auf den Millipede-III-Speicherchip herunter, um sie Freunden vorzuführen. Krank werden wir zwar immer noch von Zeit zu Zeit, aber unser Arzt kann manche Krankheiten innerhalb von Minuten sicher diagnostizieren und uns ein paar «intelligente» Pillen verschreiben. Leisten können wir uns diese nur selten, da unsere Krankenkasse kaum mehr als einen symbolischen Betrag dazugibt. Die meisten Krebsarten sowie Aids enden aber immer noch tödlich – weil die Therapien unbezahlbar sind. In den Wohnzimmern hat ein flacher Nanotube-Großbildschirm die gute alte Glotze abgelöst. Da können wir dann Günter Jauch in der «K.I.-Show» bewundern, wenn ein paar Haushaltsroboter zum Quizkampf gegen Bürger antreten.

Klingt irgendwie nach «business as usual». So richtig aufregend ist das nicht. Was ist passiert? Die enormen Fördergelder, die die Regierungen der Industriestaaten ab 1998 in die Nanoforschung gepumpt haben, können zwar neue Technologien auf den Weg bringen. Doch die großen Hoffnungen, aus Nanoteilen ganz neuartige makroskopische Produkte zu bauen, erfüllen sich nicht. Der Assembler lässt sich nicht realisieren. Die Selbstorganisationsprozesse, auf die man gesetzt hatte, erweisen sich als unzuverlässig. Die Fehlerraten in den Endprodukten sind einfach zu groß. Die Finanzmärkte, die ab 2004 voll auf Nanotechnik eingestiegen sind, haben keinen langen Atem. Noch immer geprägt vom Platzen der Internetblase 1999/2000, reagieren sie auf das Ausbleiben spektakulärer Innovationen übernervös und ziehen dringend benötigtes Kapital wieder ab. Das Entwicklungstempo verlangsamt sich, worauf das Kapital noch spärlicher fließt. Erst der Pentium 7 mit 40-Nanometer-Schaltkreisen, erstmals erfolgreich mittels Nanoprint-Technologie gefertigt, kann diese Vertrauenskrise überwinden und der Nanotechnik zu neuem Schwung verhelfen.

Wir wollen den Spaß mit Pentium 7 oder 8 nicht zu weit treiben. Wichtiger ist etwas anderes: Die wirklich treibende Kraft hinter der nanotechnischen Entwicklung sind nicht so sehr die hehren Visionen. Es ist die schlichte Hoffnung der Wirtschaft auf neue Produkte und Märkte. Aber alle Investitionen müssen sich am Ende wieder auszahlen. Der Internetboom der Neunziger war nicht nur eine Blase, sondern tatsächlich ein epochaler technischer Sprung und auch ein bislang einmaliges Ereignis in der Wirtschaftsgeschichte. Zum ersten Mal marschierten Börsen und Innovationen Hand in Hand und befeuerten sich gegenseitig, wie der US-Wirtschaftsjournalist Michael Mandel in seinem Buch *The Coming Internet Depression* herausgestellt hat. Das hat es bei keinem Boom vorher gegeben, nicht einmal im Autoboom der zwanziger Jahre. Dass sich das Tandem Börse – Innovation mit der Nanotechnik wiederholen lässt, ist keineswegs ausgemacht. Allerdings ist Geld allein noch keine Garantie für bahnbrechende Erfindungen, zumal bei den meisten Entdeckungen der Nanotechnik eine gehörige Portion Zufall mit im Spiel war.

Es gibt noch eine weitere Erkenntnis, die wir aus dem Internetboom ziehen können: Damit eine neue Technik wirklich «abgeht» und die Gesellschaft nachhaltig verändert, muss sie so weit entwickelt sein, dass sich Innovatoren nicht mehr mit den Grundlagen herumschlagen müssen. Die Kreativität muss in Anwendungen fließen können. Als Tim Berners-Lee das World Wide Web erfand, als Marc Andreessen dafür den graphischen Browser entwickelte, als Shawn Fanning wie ein Besessener im Büro seines Onkels «Napster» programmierte, konnten sie auf einigen Jahrzehnten Computertechnik aufbauen. In die war so viel Kapital geflossen, dass die drei die Früchte ernten konnten, ohne Millionenbudgets investieren zu müssen.

So weit ist die Nanotechnik noch nicht. Es könnte ihr zum Nachteil gereichen, dass sie in einem recht frühen Stadium mit Erwartungen belastet wird, die eigentlich erst an eine reife Technik gestellt werden sollten. Den Schlagabtausch aus immer kurzfristigeren Investitionen und prompt geforderten Innovationen sieht Ray Kurzweil zwar als Grund für den kommenden Durchbruch der Nanotechnik. Tatsächlich aber könnte genau das deren Fortschritt deutlich verlangsamen.

Wie es euch gefällt

Natürlich sind das nicht alle denkbaren Szenarien. Man könnte jetzt fragen: Warum haben wir keinen Nano-GAU durchgespielt? Das hat zum Beispiel Greg Bear in seinem Science-Fiction-Roman *Blood Music* gemacht. Warum fehlt ein Szenario, in dem alle Nanoträume wahr geworden sind? Weil sich bisher keine Technik je zum Worst Case oder zum Best Case entwickelt hat. Aus diesen – zugegebenermaßen ohne Computer gewonnenen – «mittleren» Szenarien können wir hingegen drei Einsichten gewinnen:

Den einen, zwangsläufigen nanotechnischen Fortschritt wird es nicht geben.

Jeder vorstellbare nanotechnische Fortschritt wird einen «Haken» haben, der irgendwie nicht zu den Verheißungen passt.

Und echten Fortschritt wird es überhaupt nur geben, wenn Nanotechnik unter Einbeziehung der Öffentlichkeit entwickelt wird. Denn wir sind diejenigen, die nachher damit leben werden – nicht irgendwelche fiktiven Konsumenten in einem Computermodell.

Es reicht nicht zu wissen, welche Möglichkeiten uns die Nanotechnik eröffnet. Wir müssen uns heute darüber klar werden, welche Nanotechnik wir morgen haben wollen.

Nachwort

Fast zwei Jahre sind vergangen, seit ich die erste Ausgabe dieses Buches fertig gestellt habe. Eine lange Zeit, in der sich die recht junge Nanotechnik bestimmt drastisch weiterentwickelt hat, könnte man meinen. Aber so ist es nicht: Vielmehr bewegt sie sich, einem breiten, trägen Strom gleich, unbeirrbar und doch recht gemächlich vorwärts. Denn die Herausforderungen für die Zigtausende von Forschern und Ingenieuren sind nach wie vor gewaltig. Vieles lässt sich im Labor bereits gut verstehen, ja sogar in Prototypen für künftige Produkte anwenden. Aber bis die Nanotechnik reif genug ist, unseren Alltag so spürbar zu verändern, wie es Computer, Internet und Mobilfunk in den neunziger Jahren des 20. Jahrhunderts getan haben, wird noch einige Zeit vergehen.

Das bedeutet aber nicht, dass wir es in den vergangenen drei, vier Jahren mit einem Hype zu tun gehabt hätten. Damit würde man den eigentümlichen Charakter der Nanotechnik verkennen: Es handelt sich um den Vorstoß der modernen Technik insgesamt in die Sphäre der Moleküle, Cluster und Kleinstpartikel – nicht nur um eine neue Technologie, die mit genügend Geld und einer Roadmap, also einem konkreten Plan für die weitere Entwicklung, zielstrebig umgesetzt werden kann.

In dem gemächlichen Tempo, mit dem sich die Nanotechnik bisher entwickelt, liegt aber auch eine außergewöhnliche Gelegenheit: Noch können wir eine Debatte in Gang bringen, welche Anwendungen wir für besonders wichtig und welche Risiken wir möglichst klein halten, ja, erst gar nicht eingehen wollen. Einen Point of no return, an dem wir nur staunend am Wegesrand stehen und das Geschehen nicht mehr begreifen können, hat die Nanotechnik noch nicht erreicht.

Diese Gelegenheit sollten wir nutzen.

Niels Boeing, Hamburg, im Oktober 2005

© privat

Niels Boeing,
geboren 1967 in Bochum, wurde von der alten faustischen Frage, was die Welt im Innersten zusammenhält, zunächst zu einem Studium der Physik und Philosophie bewegt. Doch nach dem Physikdiplom gewann die Weite der Welt über das Laborleben: Als Globetrotter fuhr er nach Indien, Südostasien, Ozeanien und in die Anden. Wieder zurück, entschloss er sich zum Sprung in den Wissenschaftsjournalismus und landete schließlich bei der *Woche* in Hamburg. Bis zum Ende des Blattes im März 2002 war er dort Wissenschaftsredakteur. Seitdem arbeitet er als freier Journalist, u. a. für *GEO, Die Zeit, Financial Times Deutschland, Freitag.* Er lebt in St. Pauli, «im tollsten Stadtteil der Republik», wie er findet.

Vielen, vielen Dank:
für die drei Leben, Woldo!!! ... an meine Eltern für die Zuversicht: «Everything happens for the best»! ... an den «Lesczirkel»: Moritz Avenarius, Mona Boeing, Tobias Boeing, Astrid Dähn, Markus Hacker, Christian Herbst, Benjamin Prüfer, Rüdiger Braun, Knut Stahrenberg und Jens Uehlecke! ... an Rolf Allenspach, Jürgen Altmann, Gerd Binnig, Dieter Bimberg, Hermann Gaub, Michael Grätzel, Andreas Jordan, Heinz Niedrig, Jens Reich, Helmut Schmidt und Eckehard Schöll für das Feedback und das Ausmerzen von Fehlern! ... an Hans Poser, der mich auf die Technik-Fährte gesetzt hat! ... und last but not least an das Wissenschaftsressort der *Woche* von 1998: Michael Kröher, Claus Peter Simon, Volker Stollorz und Petra Thorbrietz!

Glossar

Aminosäure: organisches Molekül, Grundbaustein aller Proteine. Eine Aminosäure wird von drei DNS-Basenpaaren codiert. (Kap. 4, 10)

Assembler: hypothetische Nanomaschine, die Atome und Moleküle in beliebiger Struktur zusammenbauen kann. Von Eric Drexler eingeführt. (Kap. 18, 19, 21)

Atom: die kleinste Einheit eines chemischen Elements. Es besteht aus Atomkern und Elektronen. Der Atomkern wiederum ist aus Protonen und Neutronen aufgebaut.

Bandlücke: Energiebarriere in Halbleiterkristallen, die Elektronen überwinden müssen, um als elektrischer Strom durch den Kristall zu fließen. (Kap. 2, 9)

Basenpaar: genetischer Buchstabe in der DNS. Es gibt vier mögliche Basenpaare: Adenin-Thymin, Thymin-Adenin, Cytosin-Guanin und Guanin-Cytosin. (Kap. 4, 10, 15)

Bit: kleinste digitale Informationseinheit, die den Wert 0 oder 1 annehmen kann. 8 Bit sind ein Byte. (Kap. 13)

Buckyball, Buckminsterfulleren: 1986 entdeckte Art von Kohlenstoffmolekülen, die kugelförmig oder ellipsoid sind. Die Kohlenstoffatome sind darin zu Fünf- und Sechsecken angeordnet, vergleichbar mit den Flicken auf einem Fußball. (Kap. 8, 15, 16)

Cantilever: Bezeichnung für den Hebel eines Kraftmikroskops. (Kap. 6, 13, 14, 15)

Cluster: Materiehaufen, die größer als Moleküle sind, aber kleiner als Nanopartikel und noch keine Festkörpereigenschaften haben.

Crossbar-Latch-Prozessor: Prozessor, der aus einem gekreuzten Gitter von Nanodrähten besteht. (Kap. 13, 15)

Dip-Pen-Nanolithographie: Verfahren, bei dem eine «Tinte» aus Molekülen mit den Spitzen von Kraftmikroskophebeln auf einen Untergrund geschrieben wird. (Kap. 6)

DNS (DNA): Kurzform für Desoxyribonukleinsäure (engl.: Desoxyribonucleine Acid), Träger des Genoms. DNS ist ein langes Molekül, das einer verdrehten Strickleiter ähnelt. Die Stränge bestehen aus Zucker- und Phosphatmolekülen, die Sprossen aus Basenpaaren. Ihre Abfolge codiert die Gene. (Kap. 4, 10, 14, 15)

DNS-Computer: Computer, der mittels Kombination von DNS-Stücken rechnet. (Kap. 13)

Elektron: Elementarteilchen und Träger des elektrischen Stroms.

Elektronenmikroskop: Mikroskop, das Elektronen zur Belichtung einer Probe nutzt und sich dabei die Tatsache zunutze macht, dass Elementarteilchen zugleich auch Wellen sein und analog zu Licht genutzt werden können. (Kap. 5)

Energieniveau: Aufenthalts«ort» eines Elektrons in einem Atom, auch als «Abstand» des Elektrons vom Atomkern bezeichnet. (Kap. 2, 8, 9)

Elektronenstrahl-Lithographie: Photolithographie-Verfahren, das zur Belichtung Elektronenstrahlen verwendet. (Kap. 5)

EUV-Lithographie: Photolithographie-Verfahren, das äußerst kurzwelliges UV-Licht verwendet (engl.: Extreme Ultraviolet). (Kap. 5)

Festkörper: makroskopische Anordnung von Atomen, die kein Cluster mehr ist.

Gen: Abschnitt im Erbgut aller Lebewesen (in der DNS), der die Information für den Aufbau eines oder mehrerer Proteine enthält. (Kap. 4, 10, 14, 15)

Genom: Gesamtheit aller Gene. (Kap. 4, 10, 15)

Grätzel-Zelle: Solarzelle, die statt Halbleiterkristallen in einen Elektrolyten eingebettete Farbstoffmoleküle und Titandioxid-Nanopartikel verwendet. (Kap. 16)

«Grey Goo Problem»: hypothetischer GAU der molekularen Nanotechnik. Replikatoren zersetzen in großer Geschwindigkeit Biomasse, um daraus Kopien ihrer selbst herzustellen. (Kap. 20)

Halbleiter: Material, das im Normalzustand nicht elektrisch leitend ist. Es wird erst leitend, wenn die Elektronen durch Energiezufuhr von außen die Bandlücke überwinden können. Elementare Halbleiter sind Silizium oder Germanium, zusammengesetzte Halbleiter sind Galliumarsenid oder Titandioxid. (Kap. 2, 9, 13)

Heisenberg'sche Unschärferelation: Gesetz der Quantenmechanik, wonach bestimmte Paare von Messgrößen nicht zum selben Zeitpunkt gleich exakt gemessen werden können. (Kap. 2, 6)

Katalysator: Material, das den Ablauf einer chemischen Reaktion erleichtert, ohne selbst an der Reaktion teilzunehmen. (Kap. 12, 16)

Kraftmikroskop: Mikroskop, bei dem das Abbild einer Oberfläche oder eines Moleküls aus der Wechselwirkung einer feinen Spitze an einem Hebel mit einem Atom errechnet wird. Kurzform: AFM für engl. «Atomic Force Microscope». (Kap. 6, 13, 14, 15)

Kristallgitter: regelmäßige atomare Struktur in Festkörpern.

Leitungsband: Energiebereich in Halbleitern oder Metallen, in dem Elektronen sich ungehindert bewegen können, wenn eine elektrische Spannung vorliegt. (Kap. 2, 9)

Maschinen-Phasen-Chemie, Mechanosynthese: hypothetisches Konzept von Eric Drexler für den kontrollierten, präzisen Zusammenbau von Atomen oder Molekülen. (Kap. 4, 18)

Millipede: Speicherchip von IBM, der mit den Hebeln eines Kraftmikroskops arbeitet. (Kap. 13, 21)

Molekül: dauerhafte, geordnete Verbindung von mindestens zwei Atomen. Bei sehr vielen Atomen wie in Proteinen spricht man von Makromolekülen.

Nanolab: Chip zur Analyse von Proteinen in bis zu 1000 Zellen gleichzeitig. (Kap. 15)

Nanopartikel: kleinste Festkörper, die aus einigen hundert bis mehreren zehntausend Atomen bestehen und keine Cluster mehr sind. (Kap. 9, 12, 13, 15, 16, 20)

Nanotechnik: Gesamtheit aller technischen Verfahren, die Materiestrukturen von unter 100 Nanometer Ausdehnung nutzen oder herstellen.

Nanotube: Kohlenstoffmolekül, das die Form einer langen Röhre hat. Der Durchmesser beträgt einen bis mehrere Nanometer. In mehrwandigen

Nanotubes sind mehrere Röhren ineinander geschachtelt. (Kap. 8, 12, 13, 14, 16)

Nanoimprinting: Drucktechnik. Mittels Photolithographie hergestellte Stempel tragen Muster aus organischen Molekülen auf eine Oberfläche auf. (Kap. 7, 21)

Paramagnetismus: Form des Magnetismus, in dem ein Material nur dann magnetisch wird, wenn ein äußeres Magnetfeld angelegt wurde. (Kap. 13, 15, 16)

Peptid: kürzere Kette von Aminosäuren. (Kap. 10)

Photokatalysator: Katalysator, der seine unterstützende Wirkung erst bei Einfall von Licht – meist UV-Licht – entfaltet. (Kap. 16)

Photolithographie: Verfahren, mit dem Oberflächen strukturiert werden. UV-Licht fällt durch eine Maske und überträgt ein Muster, das dann durch Ätzen herausgearbeitet werden kann. (Kap. 5, 13)

Photon: Lichtteilchen.

Piezoelement: Kristall, der sich unter elektrischer Spannung zusammenzieht oder ausdehnt. (Kap. 6, 11)

Polymer: langes oder ausgedehntes organisches Molekül, das aus vielen sich wiederholenden Abschnitten besteht. (Kap. 10, 12, 16, 17)

Protein: lange Kette von Aminosäuren, auch Eiweiß genannt. (Kap. 4, 10, 15)

Quantencomputer: Computer, dessen Recheneinheit mit quantenmechanischen Überlagerungszuständen (Qubits) arbeitet. (Kap. 13)

Quantenpunkt: Festkörper von wenigen Nanometern Ausdehnung. Quantenpunkte sind freie Partikel oder in Halbleiter eingebettete Inseln, die sich wie künstliche Atome verhalten. (Kap. 9, 14, 15)

Quantenmechanik: physikalische Theorie über Aufbau und Eigenschaften der Materie. (Kap. 2)

Qubit: Informationseinheit eines Quantencomputers. (Kap. 13)

Rastersonde: Oberbegriff für neue Mikroskopie-Verfahren, bei denen eine Oberfläche abgetastet (abgerastert) wird. (Kap. 6)

Rastertunnelmikroskop: Mikroskop, bei dem das atomare Abbild einer elektrisch leitenden Oberfläche aus dem Tunnelstrom zwischen Mikroskopspitze und Oberflächenatom errechnet wird. Kurzform STM für engl. «Scanning Tunneling Microscope». (Kap. 6, 11, 19)

Replikator: hypothetischer Assembler, der Kopien seiner selbst herstellen kann. (Kap. 19, 20)

Ribosom: molekulare «Fabrik» in einer Zelle, in der aus Aminosäuren Proteine zusammengebaut werden. (Kap. 4)

RNS (RNA): Kurzform für Ribonukleinsäure (engl.: Ribonucleic Acid). (Kap. 4, 10, 14, 15)

Schwarmintelligenz: Theorie, nach der intelligentes Verhalten aus dem Zusammenspiel vieler nichtintelligenter Individuen entsteht. Vorbild sind Staaten bildende Insekten wie Bienen, Ameisen und Termiten. (Kap. 19)

Selbstorganisation: thermodynamischer Prozess, bei dem Ordnung scheinbar «von selbst» durch Energiezufuhr entsteht. (Kap. 7, 12, 13, 18, 19)

Self-Assembly: Spezialfall der Selbstorganisation, bei dem sich Moleküle zu klaren Strukturen anordnen. (Kap. 7, 21)

Self-Assembling Monolayer: Schichten aus Molekülen, die eine Moleküllage dick sind und durch Self-Assembly entstehen. (Kap. 7, 12)

Sol-Gel-Prozess: chemisches Verfahren, bei dem sich gelöste Polymere, das Sol, durch Entzug des Lösungsmittels zu einem ausgedehnten Netzwerk, dem Gel, verbinden. (Kap. 12)

Spin: quantenmechanische Eigenschaft aller Elementarteilchen, die der Grund für ein vorhandenes magnetisches Moment ist. Der Spin wird häufig auch als Eigendrehimpuls beschrieben. (Kap. 13)

Superparamagnetismus: von außen auf ein Material aufgeprägte Magnetisierung, die bei Abschalten des Magnetfeldes wieder verschwindet. (Kap. 13, 15, 16)

Thermische Energie: Bewegungsenergie von Elementarteilchen bei einer bestimmten Temperatur. (Kap. 9, 13)

Titandioxid: Halbleiter, der in Form von Nanopartikeln vor allem in neuen Solarzellen (Grätzel-Zellen) oder photokatalytischen Materialien eingesetzt wird. (Kap. 12, 16, 20)

Tunneleffekt: quantenmechanischer Effekt, bei dem Elementarteilchen durch eine Energiebarriere hindurchgelangen («tunneln»). Der Effekt beruht auf dem statistischen Charakter der Quantenmechanik und hat kein Gegenstück in der makroskopischen Welt. (Kap. 2, 6, 13)

Van-der-Waals-Kraft: schwache Anziehungskraft zwischen Atomen oder Molekülen, die durch Schwankungen der Elektronendichte und damit der Ladungsdichte hervorgerufen werden. (Kap. 2, 11, 12, 18)

Literatur- und Web-Tipps zur Nanotechnik

Fachbücher:

Horst-Günter Rubahn, *Nanophysik und Nanotechnologie*, Teubner 2002.

Eric Drexler, *Nanosystems: Molecular Machinery, Manufacturing and Computation*, Wiley Interscience 1992.

Johann Bienlein & Roland Wiesendanger, *Einführung in die Struktur der Materie*, Teubner 2002.

Romane:

Neal Stephenson, *Diamond Age. Die Grenzwelt,* Goldmann 1996.

Greg Bear, *Blood Music,* Simon & Schuster 1985/iBooks 2002.

Kevin Anderson & Doug Beason, *Assemblers of Infinity*, Bantam Books 1993.

Michael Crichton, *Beute*, Blessing 2002.

Webseiten:

Ein Überblick über die wichtigsten Entwicklungen seit Drucklegung des Buches findet sich auf der Homepage zum Buch **www.nano.bitfaction.com**

Vom Bundesforschungsministerium geförderte Nano-Kompetenzzentren: **www.nanonet.de/kompetenzzentren/**

Nanotechnik-Portal des VDI, «VDI nanonet»: **www.nanonet.de**

Online-Ausstellung Nanotechnik: **www.hansenanotec.de/nanoausstellung/**

Small Times (Nano-Nachrichten, englisch): **www.smalltimes.com**

NanoApex (Nano-Nachrichten, englisch): **news.nanoapex.com**

Chronologie der Nanotechnik

1900	Max Planck führt das Wirkungsquantum ein, das den Ausgangspunkt für die Quantentheorie bildet
1905	Albert Einstein erklärt den photo-elektrischen Effekt mit Hilfe des Wirkungsquantums
1913	Niels Bohr veröffentlicht sein Atommodell
1925/26	Die Quantenmechanik wird von Werner Heisenberg, Erwin Schrödinger und Paul Dirac formuliert
1931	Ernst Ruska erfindet das Elektronenmikroskop
1953	James Watson und Francis Crick veröffentlichen die Struktur des DNS-Moleküls
1959	Richard Feynman hält seine berühmte Rede «There's plenty of room at the bottom»
1968	Alfred Cho und John Arthur (Bell Labs) erfinden das Verfahren der Molekularstrahl-Epitaxie
1974	Norio Taniguchi gebraucht in einem wissenschaftlichen Artikel erstmals den Begriff «Nano-Technology»
1978	Heinrich Rohrer und Gerd Binnig (IBM) beginnen die Arbeit am Rastertunnelmikroskop
1979	Neuseeländische Physiker berichten von ungewöhnlichen Kohlenfasern, ebenso der Japaner Morinubo Endo
1981	Rohrer und Binnig gelingt die erste Messung mit dem Rastertunnelmikroskop (STM)
1985	Harry Kroto, Richard Smalley und Richard Curl gelingt der erste echte Nachweis des C60-Moleküls, das sie «Buckminsterfulleren» taufen
1986	Rohrer und Binnig erhalten den Physik-Nobelpreis für das Rastertunnelmikroskop
1986	Gerd Binnig, Christoph Gerber und Calvin Quate bauen das erste Kraftmikroskop

1986	Französische Physiker entdecken bei einem Experimentfehler Quantenpunkte
1986	Eric Drexler veröffentlicht das Buch *Engines of Creation*, in dem er eine «molekulare Nanotechnik» skizziert, und gründet das Foresight Institute
1989	Don Eigler gelingt es, mit dem Rastertunnelmikroskop Atome zu bewegen; er baut aus 35 Xenon-Atomen den Schriftzug «IBM»
1991	Das Institut für Neue Materialien in Saarbrücken entwickelt die erste chemisch-nanotechnische Antihaftbeschichtung, die zugleich transparent ist
1991	Michael Grätzel entwickelt eine Nanosolarzelle
1991	Sumio Iijima veröffentlicht seine Entdeckung ineinander verschachtelter Kohlenstoffröhrchen, die bald «Nanotubes» getauft werden
1993	Iijima gelingt erstmals die Herstellung einwandiger Nanotubes
1994	Dieter Bimberg baut den ersten Quantenpunktlaser
1995	Kroto, Smalley und Curl erhalten den Chemie-Nobelpreis für die Entdeckung der Buckyballs
1998	Cees Dekker baut erstmals einen Transistor aus Nanotubes
1999	James Tour und Mark Reed demonstrieren einen Einelektronenschalter
2000	Die Sequenzierung des menschlichen Genoms wird vollendet
2001	Mehrere Forschungsgruppen bauen erste molekulare Schaltkreise
2002	Stanley Williams und Philip Kuekes (Hewlett Packard) bauen einen «Crossbar-Latch»-Chip aus je acht gekreuzten Nanodrähten
2003	Forscher der Universität Berkeley bauen den ersten integrierten Schaltkreis aus Nanotubes

2004	Toxikologische Studien zeigen, dass Buckyballs Zellen schädigen können – in einem Fall Hirnzellen von lebenden Fischen, in einem anderen Leberzellkulturen
2004	Forscher von Infineon in Dresden bauen den bis dahin kleinsten Nanotube-Transistor mit einer Kanallänge von nur 18 Nanometern
2005	Am IBM-Forschungszentrum Almaden werden erstmals Atome mithilfe eines STM aufgegriffen und transportiert, nicht nur verschoben

Register